U0846128

□ 职业教育规划教材 □

C51单片机系统
设计与应用简明教程

张晓芳　刘瑞涛　主编
浦灵敏　仲小英　陈邦琼　副主编

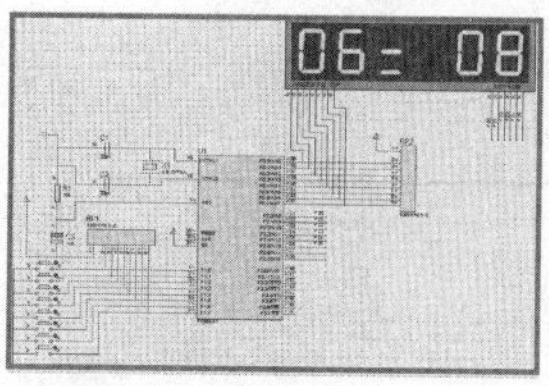

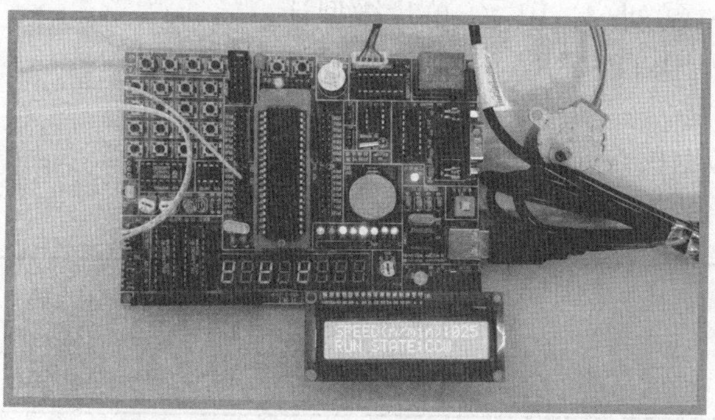

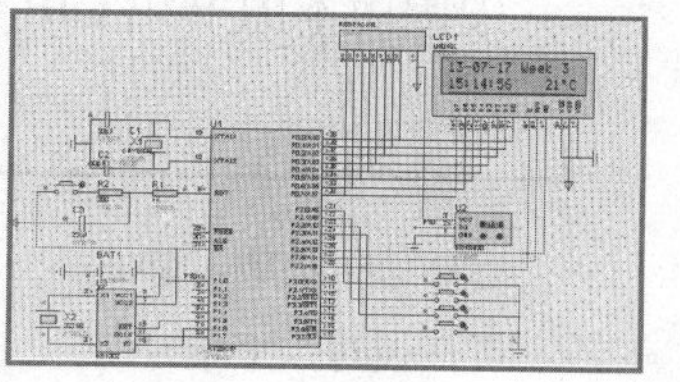

化学工业出版社
·北京·

本书分为基础篇和提高篇。基础篇是基于 Proteus ISIS 仿真软件设计的 C51 程序开发，既节约成本，又使每个学生都能随时随地，方便地进行 C51 单片机基础知识的学习和开发。提高篇以具体的工程项目为切入点，培养学生根据项目要求进行硬件电路设计和程序框图设计能力以及 C 语言编程能力。基础篇由四个项目组成，分别为：节日彩灯设计、简易球赛记分牌设计、防盗数字密码锁设计、以人为本的交通灯设计。提高篇由三个项目组成，分别为：智能窗户的设计与实现、串口数据通信设计、万年历的设计与实现。

图书在版编目（CIP）数据

C51 单片机系统设计与应用简明教程 / 张晓芳，刘瑞涛主编. —北京：化学工业出版社，2015.5

职业教育规划教材

ISBN 978-7-122-23487-2

Ⅰ. ①C… Ⅱ. ①张… ②刘… Ⅲ. ①单片微型计算机-职业教育-教材 Ⅳ. ①TP368.1

中国版本图书馆 CIP 数据核字（2015）第 065603 号

责任编辑：廉　静　　　　文字编辑：徐卿华

责任校对：王素芹　　　　装帧设计：韩　飞

出版发行：化学工业出版社（北京市东城区青年湖南街 13 号　邮政编码 100011）

印　　装：三河市延风印装有限公司

787mm×1092mm　1/16　印张 12½　字数 315 千字　2015 年 7 月北京第 1 版第 1 次印刷

购书咨询：010-64518888（传真：010-64519686）　售后服务：010-64518899

网　　址：http: // www. cip. com. cn

凡购买本书，如有缺损质量问题，本社销售中心负责调换。

定　　价：30.00 元

版权所有　违者必究

前 言

本书结合高职教育的人才培养特点，将C语言程序设计、单片机硬件电路设计方法和具体的应用实例相结合。每个项目来源于工程实例，并将工程应用实例进行合理设计，开发成适用于教学的典型项目。每个项目具有典型的应用性，通过将项目分解成若干任务进行开发，每个任务都是按照工程开发流程进行，包括任务要求、任务咨询、操作步骤及讨论思考，注重实践和理论的结合，并进行理论提升，培养学生分析问题解决问题能力。

教材特点主要体现在以下几方面。

① 本书分为基础篇和提高篇。基础篇是基于Proteus ISIS仿真软件设计的C51程序开发，既节约成本，又使每个学生都能随时随地，方便地进行C51单片机基础知识的学习和开发。提高篇以具体的工程项目为切入点，培养学生根据项目要求进行硬件电路设计和程序框图设计能力以及C语言编程能力。提高篇可根据学生层次分组选择项目进行实战，通过某个具体产品的设计与制作，提高学生承接项目的实战能力，并在C语言语法上融入了头文件和结构体的使用，便于程序的封装和移植使用，提高了学生利用编程语言在项目中的综合运用能力。

② 本书避免了枯燥、单纯的C语言语法和单片机硬件电路的讲解。将C语言语法知识和单片机硬件电路结构融入不同项目中，在具体的项目任务中，通过“做中学，学中做，教学相长”，注重基础知识在工程中的应用。每个项目任务都将硬件和软件设计融为一体，在完成一个项目任务后，学生硬件电路分析能力和软件设计能力都能得到提升。

③ 本书以C语言作为单片机开发语言，与汇编语言相比，C语言在功能性、结构性、可读性、可维护性上具有明显优势，入门较简单，满足高职控制类学生的学习特点和要求。对单片机硬件电路有更高要求的学生，在C51存储类别中，对单片机硬件电路进行了详细阐述，是C语言和单片机硬件的接口；在提高篇中融入了上位机与单片机的互调、头文件和结构体的编写与使用，融入了物联网的理念。同时每个项目后还附有讨论学习，满足了不同层次学生的需求，体现了学生为主体的设计理念。

本书由张晓芳、刘瑞涛任主编；浦灵敏、仲小英、陈邦琼任副主编；参加编写的还有过琦芳。陈邦琼负责第一个项目；仲小英负责第二个项目；张晓芳负责第三、四个项目；浦灵敏负责第五个项目；过琦芳负责第六个项目；刘瑞涛负责第七个项目。全书由张晓芳负责整理定稿，程瑞龙、贾瑞、胡宏梅等也提出了建设性意见。

由于编者水平有限，书中如有不足之处敬请读者批评指正，以便随时进行改进。

编者

2015.3

建议学时分配

项　　目	任　　务	学 时 建 议
项目 1	任务 1-1	6
	任务 1-2	8
	任务 1-3	6
项目 1 学时合计		20
项目 2	任务 2-1	4
	任务 2-2	4
	任务 2-3	8
项目 2 学时合计		16
项目 3	任务 3-1	4
	任务 3-2	4
	任务 3-3	6
项目 3 学时合计		14
项目 4	任务 4-1	4
	任务 4-2	4
	任务 4-3	4
	任务 4-4	8
项目 4 学时合计		20
项目 5	任务 5-1	4
	任务 5-2	4
	任务 5-3	8
项目 5 学时合计		16
项目 6	任务 6-1	4
	任务 6-2	4
	任务 6-3	8
项目 6 学时合计		16
项目 7	任务 7-1	4
	任务 7-2	4
	任务 7-3	4
项目 7 学时合计		12
总学时 备注：项目 1～4 为基本仿真训练项目；项目 5～7 为综合项目，可根据需求任选进行实战练习		72～96

目 录

基础篇 1

提高篇 99

基础篇

项目1 节日彩灯设计

项目背景：彩灯装饰以其丰富的颜色和变换形式为人们增添了视觉上的享受，随着城市规模和高层建筑的快速发展，其市场需求日益扩大，现已发展成为一个颇具规模的产业。彩灯装饰多以LED（发光二极管）组成，变换形式则通过单片机控制系统来实现，通过设计合理的程序，控制各LED按特定要求显示。

客户要求：设计一个彩灯装饰方案，以四盏灯为一组，四盏灯交替点亮，各0.5s，然后四盏灯同时全亮1s，再熄灭1s，然后八盏灯依次亮，时间间隔为0.5s，最后再返回初始状态，循环往复。

项目分析：根据以上要求，将任务分为三个阶段：① 点亮一盏灯；② 实现流水灯效果；③ 实现整体设计效果。

产品整体结构建议如图1-1所示。

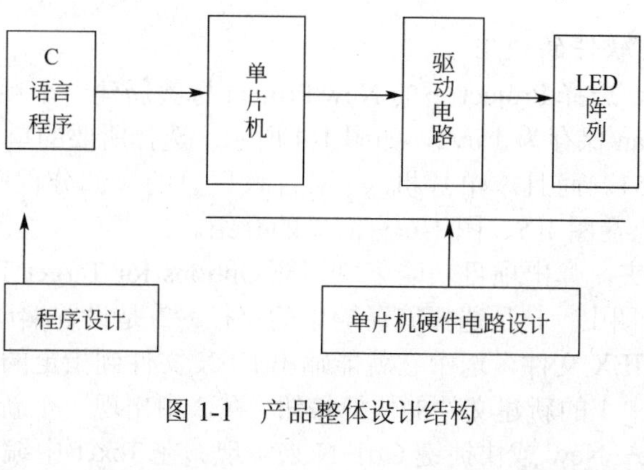

图1-1　产品整体设计结构

单片机硬件电路部分在仿真软件Proteus ISIS下设计，实现效果如图1-2所示。

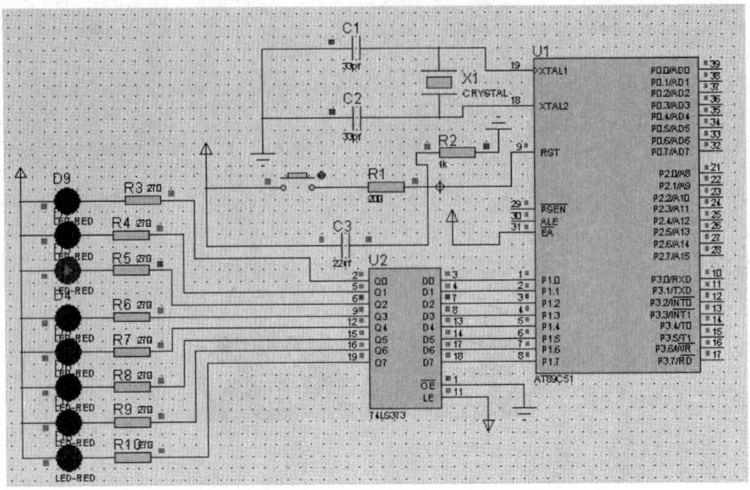

图 1-2　实现效果

任务 1-1　点亮一盏灯

学习目标：

- 熟练掌握 Keil uv2 软件使用，能在 Keil uv2 下书写第一个 C51 程序；
- 能在 Keil uv2 环境下对第一个 C51 程序进行调试，查看变量及程序运行结果；
- 学会 Proteus 软件的使用，能在 Proteus 平台下绘制简单的硬件电路图；
- 能熟练进行进制转化。

1.1.1　工作任务

认识单片机仿真试验箱和学会 KeiluVision2 仿真软件，在 Proteus 下绘制单片机最小应用系统，将在 Keil uv2 中用 C 语言进行软件设计并编译通过的 hex 文件导入 Proteus ISIS 硬件电路图的单片机中，使相应的一盏灯亮起来。

1.1.2　操作步骤

（1）KeiluVision2 软件的使用

① 打开 uv2 软件，选择 Project 下的 New Project 标签新建一个项目，如图 1-3 所示，选择合适的路径 C:\Cyuyan 保存为 1.uv2，如图 1-4 所示。选择所要的单片机，这里选择常用的 Ateml 公司的 AT89C51。而且本单片机 C 语言教程里的大部分程序都是基于此芯片的，AT89C51 的功能、特点在图 1-5、图 1-6 有简单的介绍。

② 选择项目文件夹，弹出项目功能菜单，选 Options for Target'Target1'，弹出项目选项设置窗口，如图 1-7，图中，1 是选择编译输出的路径，2 是设置编译输出生成的文件名，3 则是决定是否要创建 HEX 文件，选中它就能输出 HEX 文件到指定的路径中。

③ 点击如图 1-8 中 1 的新建文件的快捷按钮，在 2 中出现一个新的文字编辑窗口，这个操作也能通过菜单 File—New 或快捷键 Ctrl+N 来实现。在 Text1 中编写程序，点击 3 保存新建的程序，也能用菜单 File—Save 或快捷键 Ctrl+S 来实现。保存名为 1.c。程序如下：

```
#include <reg51.h> //包括一个 51 标准内核的头文件
sbit P10=P1^0;//头文件中没有定义的 IO 就要自己来定义了
```

```
void main()
{
    P1=0xff;//先定义 P1 为高电位，所有发光二极管都不亮
    while(1)
    {
        P10=0;//使 P10 接的发光二极管点亮
    }
}
```

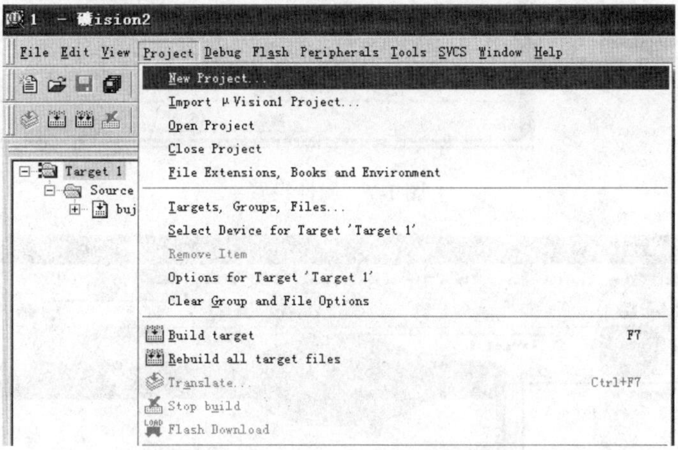

图 1-3 新建一个项目

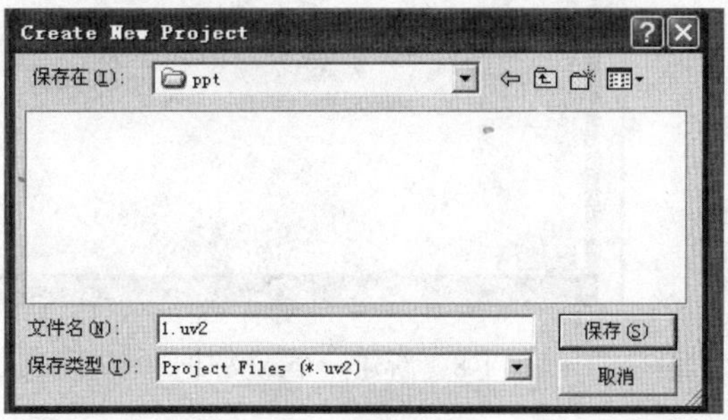

图 1-4 项目保存

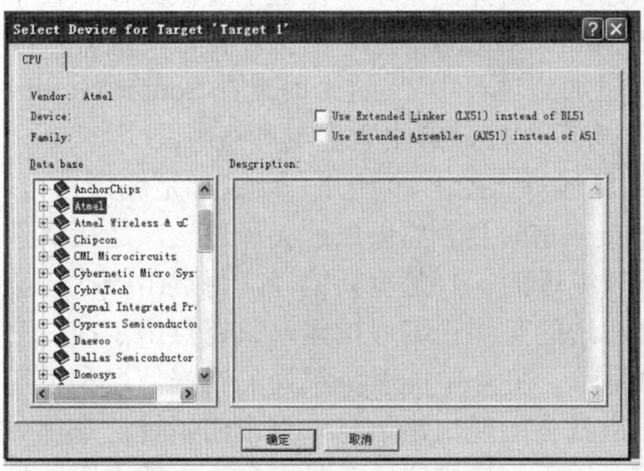

图 1-5 选择 AT89C51 单片机

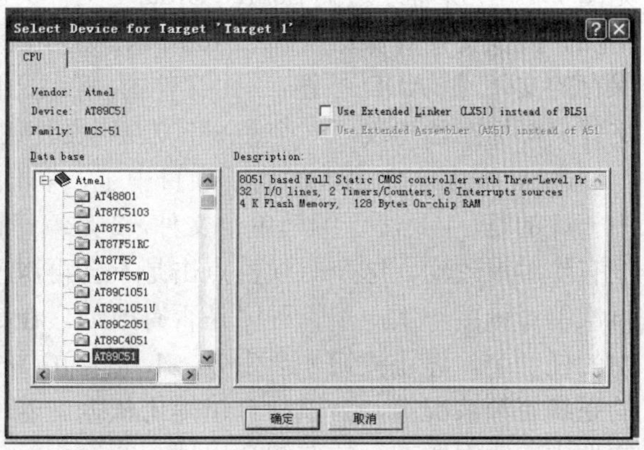

图 1-6 AT89C51 单片机功能特点

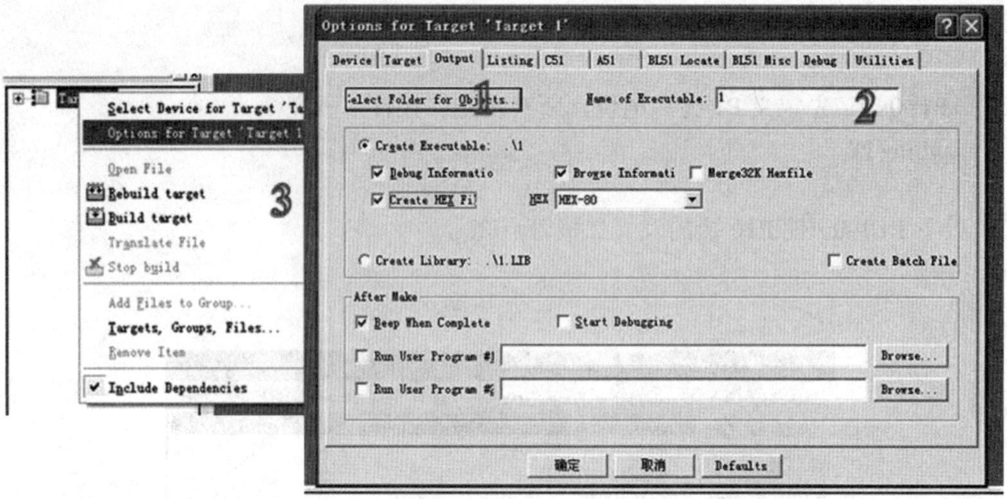

图 1-7　属性设置

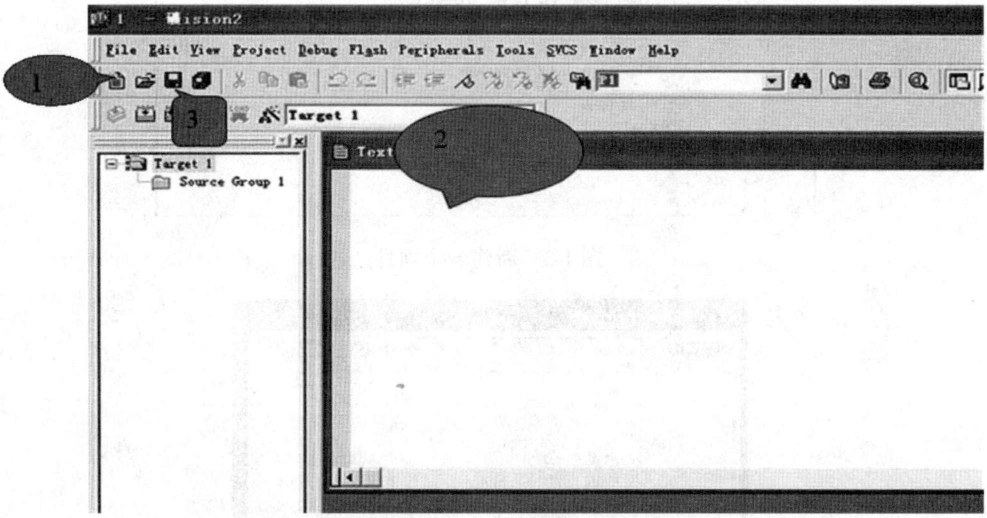

图 1-8　新建一个.c 文件

④ 这个时候你会发现程序单词有了不一样的颜色，说明 Keil 的 C 语言语法检查生效了，见图 1-9。在屏幕左边的 Source Group1 文件夹图标上右击弹出菜单，在这里能做到在项目中增加、减少文件等操作。选“Add Files to Group 'Source Group 1'”弹出文件窗口，选择刚刚保存的文件，按 ADD 按钮，关闭文件窗，程序文件已加到项目中了。这个时候在 Source Group1 文件夹图标左边出现了一个小+号，说明文件组中有了文件，点击它能展开查看。

⑤ C 程序文件已被加到了项目中了，下面编译运行。图 1-10 中 1、2、3 都是编译按钮，不一样的是，1 是用于编译单个文件。2 是编译链接当前项目，如果先前编译过一次之后文件没有作编辑改动，这个时候再点击是不会再次重新编译的。3 是重新编译，每点击一次均会再次编译链接一次，不管程序是否有改动。在 3 右边的是停止编译按钮，只有点击了前三个中的任一个，停止按钮才会生效。4 是菜单中的编译。在 4 中能看到编译的错误信息和使用的系统资源情况等，为以后查错提供依据。若出错就会出现出错信息，点击出错行，在项目文件中的错误所在行的左侧会出现一个箭头标识，便于用户排错。5 是有一个小放大镜的按

钮，这就是开启\关闭调试模式的按钮，它也存在于菜单 Debug-Start\Stop Debug Session，快捷键为 Ctrl+F5。

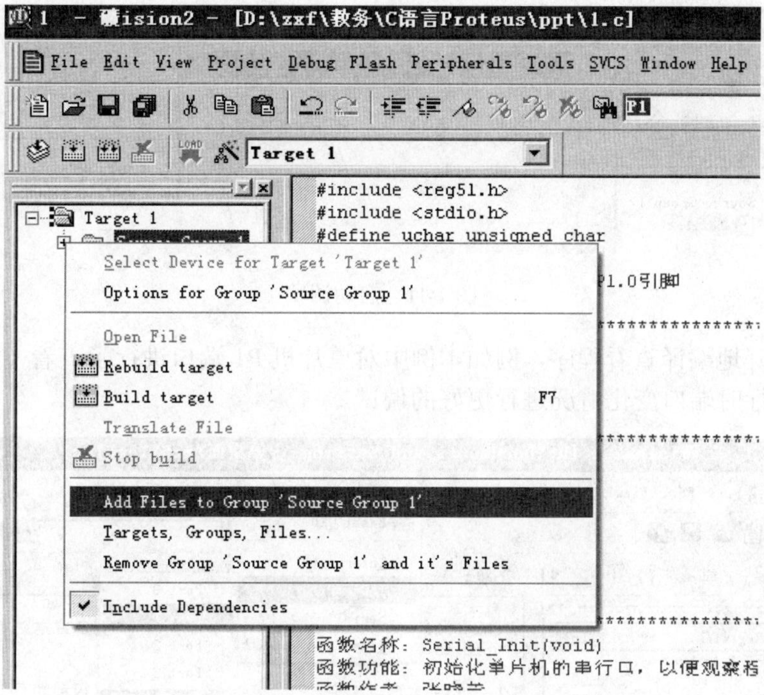

图 1-9　将新建文件添入 group 中

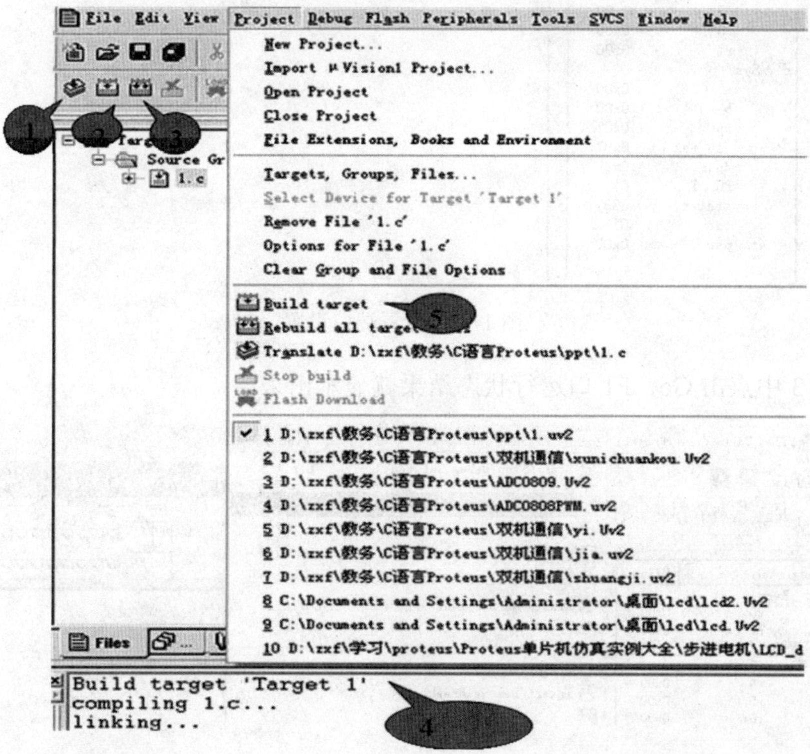

图 1-10　编译

经过排错后，要对源程序重新进行编译和链接，直到编译、链接成功为止。编译链接成功后，单击如图 1-11 中“启动/停止调试模式”工具按钮，进入软件仿真调试运行模式。

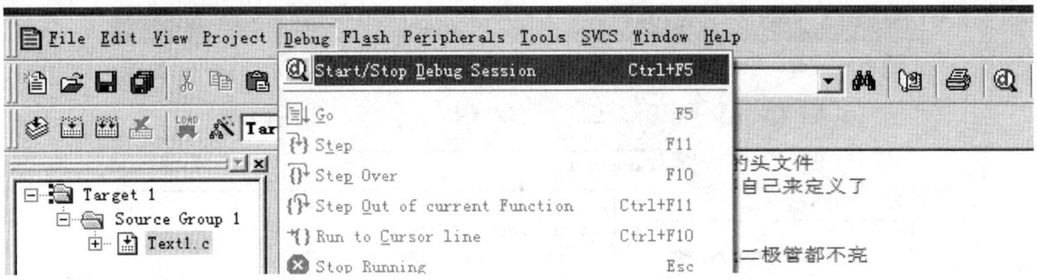

图 1-11　启动调试

若为了更好地编译查看程序，例如本例中对单片机 P1 端口进行了查看（见图 1-12），以便观察程序运行时端口变化情况进行更好的调试。

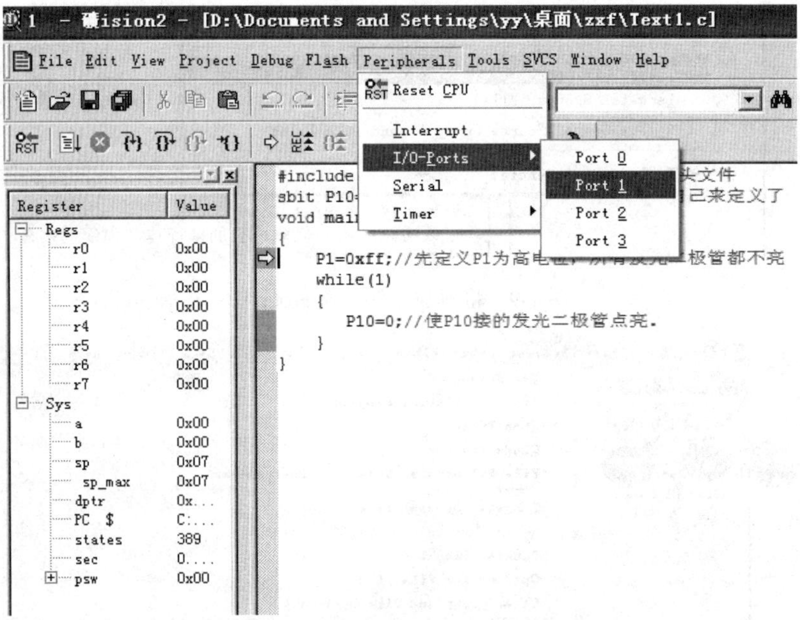

图 1-12　查看端口设置

如图 1-13 中点击 Go，P1 口运行状态结果就显示出来。

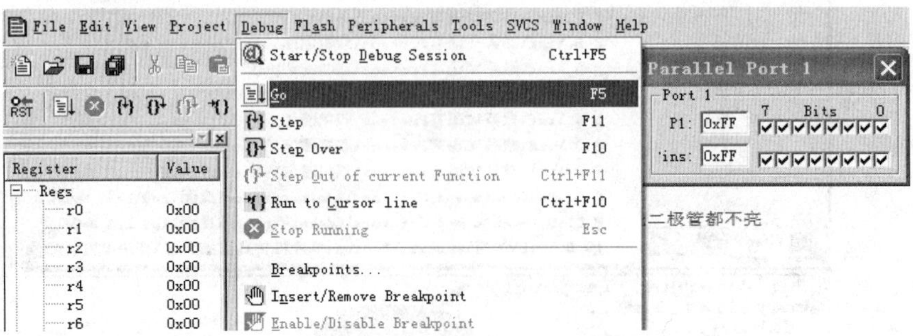

图 1-13　启动运行

（2）在 Proteus ISIS 环境下绘制单片机最小应用系统电路图

① 双击 ISIS 7 Professional 进入 Proteus 界面。

② 如图 1-14 新建 New Design，并对图 1-15 中 Design 图纸样式进行设计。也可在图 1-14 中通过 system 标签栏对图纸进行设定。

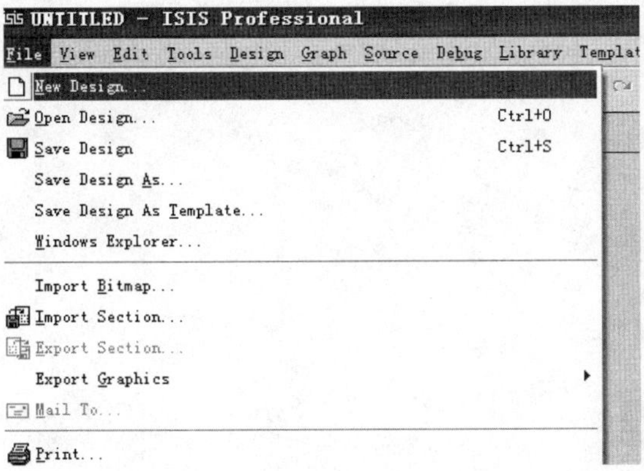

图 1-14　新建设计

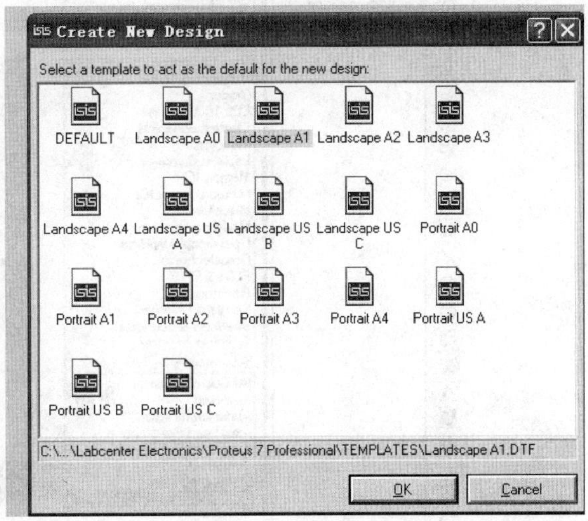

图 1-15　选择图纸样式

③ Proteus ISIS 中将常用元器件集成在各个不同的库中，为选取合适的元器件，先如图 1-16 所示，导入元件库。以选取电容为例详细讲解其操作步骤。图 1-17 为选择电容操作步骤，1 为选取电容大类，2 为选取电容子类。用相同的方法加入电解电容 CAP-ELEC、Microprocessor Ics 下的 AT89C51、Resistors 下 Genetic 下 RES、Switches & Relays 下 Switches 中的 BUTTON、Miscellaneous 下的 CRYSTAL、Optoelectronics 下的 LED 及相关光电元件。

图 1-16　导入元件库

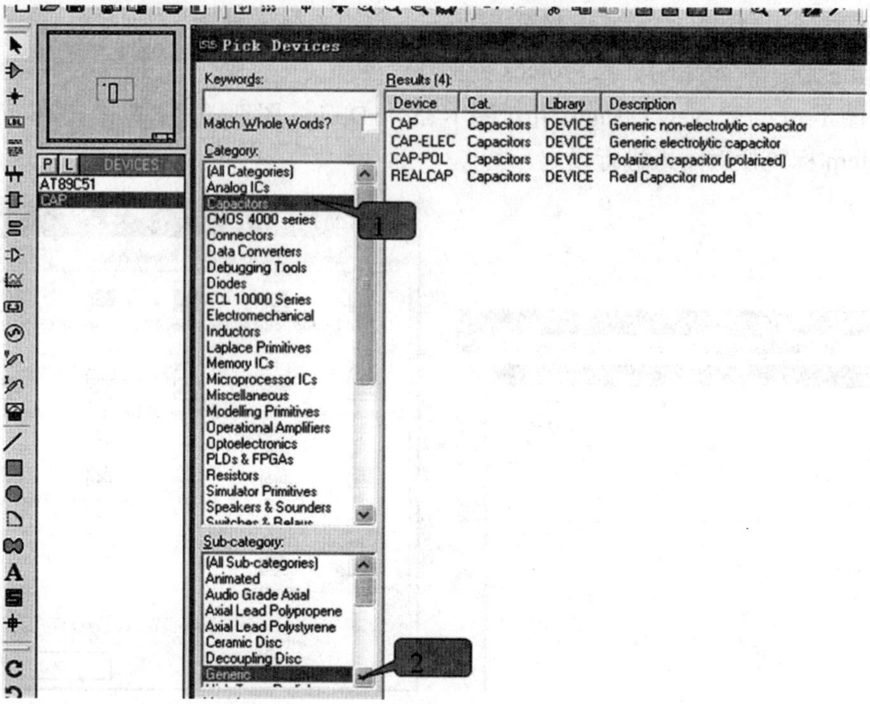

图 1-17　在库中选择电容

④ 点击图 1-18 中某元器件，例如单片机，在纸张中合适的位置点击鼠标右键一次放置元器件。通过这种方法可放置其他元器件。

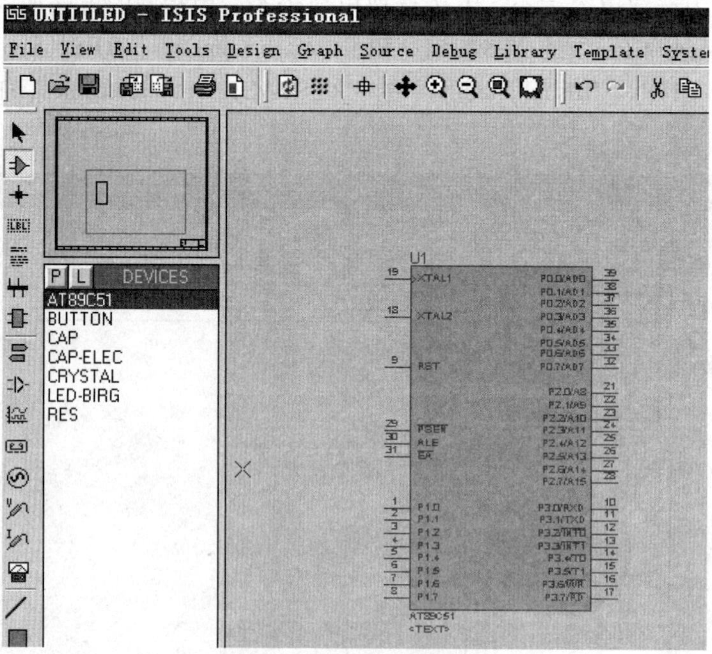

图 1-18　放置元器件

⑤ 在起始点点击鼠标左键，在终止点点击鼠标左键，自动连线（见图 1-19）。

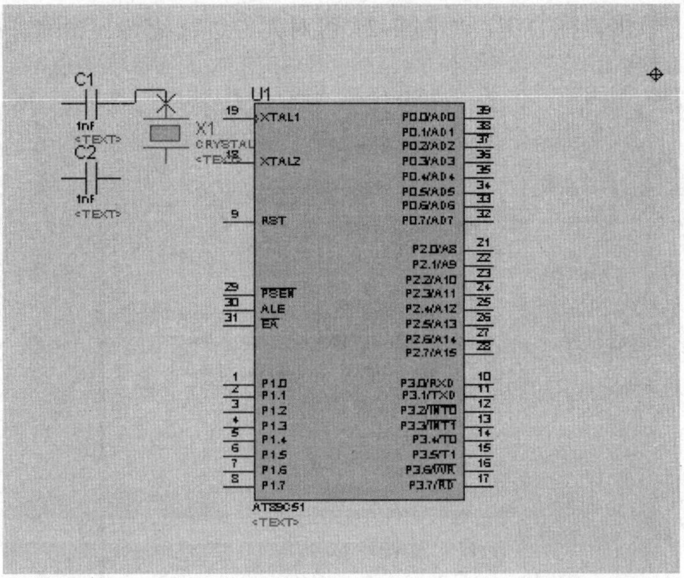

图 1-19　连线

⑥ 通过图 1-20 可对元器件，例如晶振的属性进行编辑。表 1-1 列出了各元器件属性。

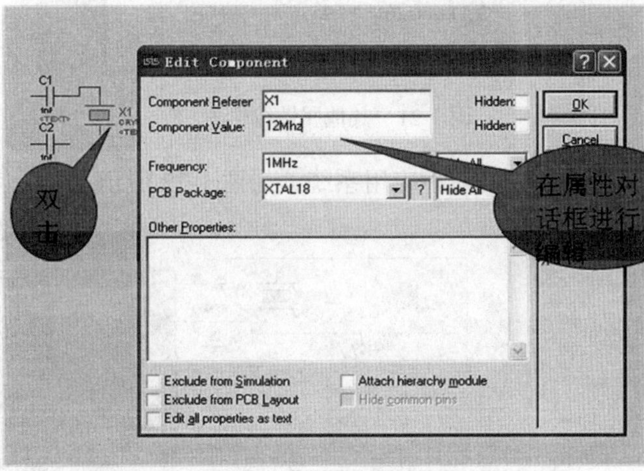

图 1-20　元器件属性编辑

表 1-1　各元器件属性表格

Category	Quantity	Reference	Value	Order Code
Resistors	1	R1	200	H0R1
Resistors	1	R2	1k	H0R1
Resistors	8	R3～R10	270	H0R1
Capacitors	2	C1,C2	33pF	
Capacitors	1	C4	22μF	
Integrated Circuits	1	U1	AT89C51	
Integrated Circuits	1	U2	74LS373	
Diodes	8	D2～D9	LED-RED	
Miscellaneous	1	X1	12MHz	

⑦ 在元器件上单击鼠标右键，如图 1-21 可对元件进行旋转、删除、移动、属性设置等操作。

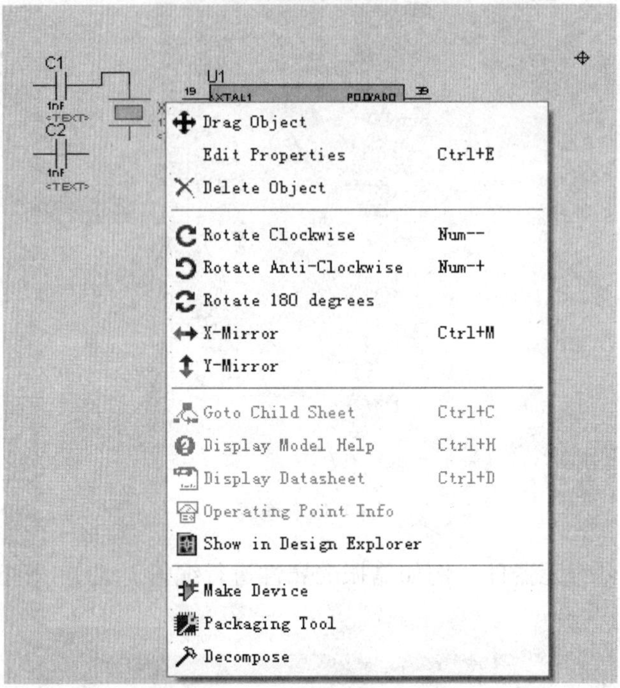

图 1-21　其他属性编辑

⑧ 按照上述方法，绘制单片机最小应用系统，如图 1-22 所示。

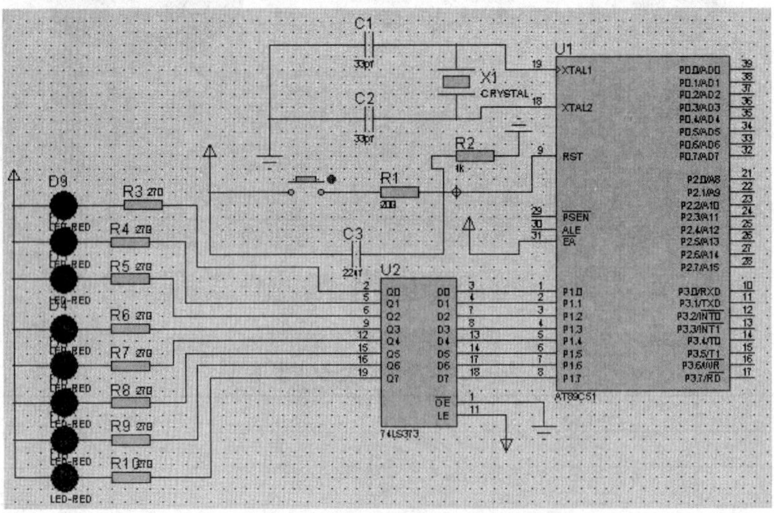

图 1-22　单片机最小应用系统电路图

（3）将生成的 hex 文件导入 Proteus ISIS 硬件电路图的单片机中，查看运行结果

① 在如图 1-22 所示电路图中，双击单片机 AT89C51 芯片，跳出属性对话框，如图 1-23 所示，在 Program File 下选择编译生成的 hex 文件。

② 在 Proteus ISIS 硬件电路图下查看仿真结果，如图 1-24 所示，点亮一盏灯，完成了第

一个任务。

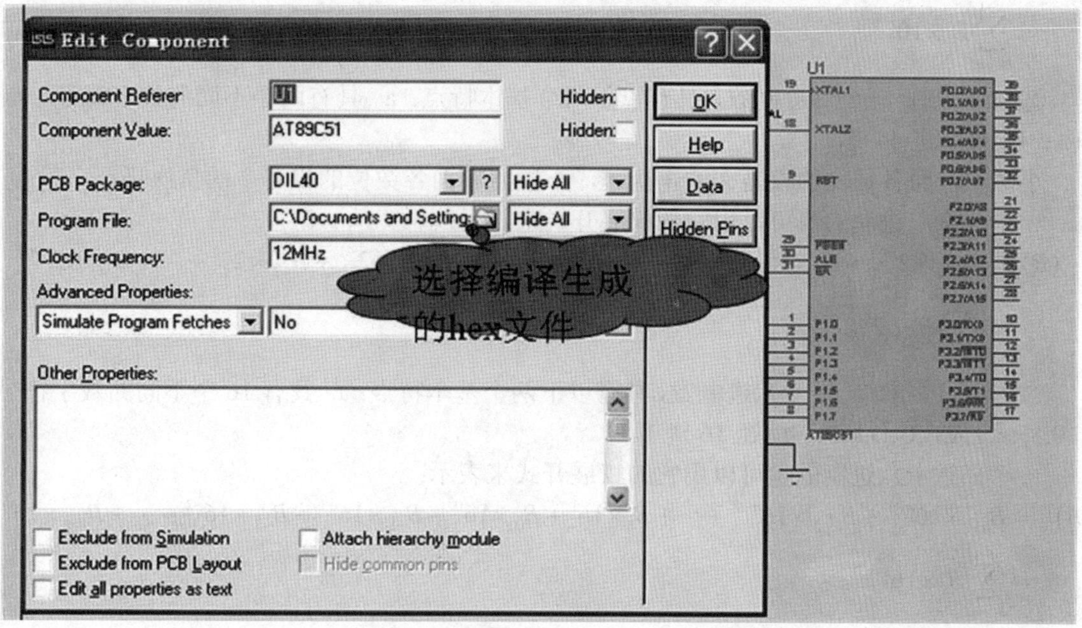

图 1-23　添加编译生成的 hex 文件

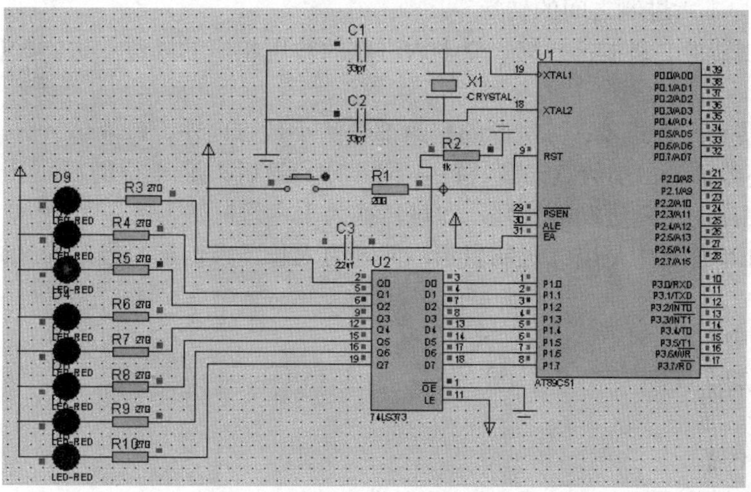

图 1-24　点亮一盏灯

1.1.3　讨论学习——进制的转化

（1）进制的概念

① 十进制　一个十进制数，具有以下两个基本特点：a. 具有 10 个不同的数字符号；b. 逢 10 进 1。

每一个数位有一个基值与之相对应，这个基值称为权。在十进制中所谓权指的就是常说的个位、十位、百位等。

一个任意的十进制数可以表示为

$$(B)_{10} = B_{n-1}\times10^{n-1} + B_{n-2}\times10^{n-2} + \cdots + B_1\times10^1 + B_0\times10^0 + B_{-1}\times10^{-1} + B_{-2}\times10^{-2} + \cdots + B_{-m}\times10^{-m}$$
$$= \sum_{i=-m}^{n-1} B_i \times 10^i$$

② 二进制　一个二进制数，具有以下两个基本特点：a. 具有两个不同的数字符号，即 0 和 1；b. 逢 2 进 1。

小数点左面各数位的权是 2 的正次幂，小数点右面各数位的权是 2 的负次幂。

一个任意二进制的值可以用它的权展开式来表示：

$$(B)_2 = B_{n-1}\times2^{n-1} + B_{n-2}\times2^{n-2} + \cdots + B_1\times2^1 + B_0\times2^0 + B_{-1}\times2^{-1} + B_{-2}\times2^{-2} + \cdots + B_{-m}\times2^{-m}$$
$$= \sum_{i=-m}^{n-1} B_i \times 2^i$$

③ 十六进制　一个十六进制数，具有以下两个基本特点：a. 具有 16 个不同的数字符号，即 0,1,…,9,A,B,C,D,E,F；b. 逢 16 进 1。

一个任意十六进制的值可以用它的权展开式来表示：

$$(B)_{16} = B_{n-1}\times16^{n-1} + B_{n-2}\times16^{n-2} + \cdots + B_1\times16^1 + B_0\times16^0 + B_{-1}\times16^{-1} + B_{-2}\times16^{-2} + \cdots + B_{-m}\times16^{-m}$$
$$= \sum_{i=-m}^{n-1} B_i \times 16^i$$

（2）进制的转化

① 十进制与二进制之间的转换

② 二进制与十六进制之间的转换

a. 十六进制转换二进制：把每一位十六进制的数用相应的 4 位二进制数代替，就可以转换为二进制。

b. 二进制转换十六进制：二进制的整数部分由小数点向左，每 4 位一分，最后不足 4 位的前面补 0；小数部分由小数点向右，每 4 位一分，最后不足 4 位的后面补 0。然后把每 4 位二进制数用相应的十六进制数代替，即可转换为十六进制数。

注意：数在单片机中是用二进制表示，但因为太长，人们编写程序的时候常采用十六进制表示数。

（3）二进制运算

1）二进制加法规则

① 0+0=0

② 0+1=1+0=1

③ 1+1=0，进位 1

④ 1+1+1=1，进位 1

练习：① 11100001+01000110=

② 01101110+10111110=

③ 0DCH+0F3H=

④ 80+40=

2）二进制减法规则

① 0–0=0

② 1–1=0

③ 1–0=1

④ 0–1=1，有借位

练习：① 11100001–01000110=

② 01101110–10111110=

③ 0DCH–0F3H=

④ 80–40=

（4）带符号数的表示方法

① 机器数与真值　连同一个符号位在一起作为一个数，就称为机器数；而它的数值称为机器数的真值。

为了运算方便（把减法变加法），在机器中负数有三种表示法：原码、反码和补码。

② 原码　正数的符号位用 0 表示，负数的符号位用 1 表示。这种表示法就称为原码。

用这种表示法的时候，对于一个 8 位二进制数来说取值范围为+127～–127 内。

③ 反码　正数的反码表示与原码相同，负数的反码表示为它的正数的按位取反（连同符号）。

特点：a.“0”有两种表示法；b. 8 位二进制反码所能表示的数值范围为+127～–127；c. 负数的反码后面几位不表示此负数的数值。

④ 补码　正数的补码与原码相同，负数的补码表示即为它的“反码+1”。

（5）思考

请大家完成 P10 所连接的发光二极管点亮一段时间再熄灭一段时间（例如 1s），循环往复。

任务 1–2　发光二极管流水灯设计

学习目标：

- 能熟练绘制单片机最小应用系统，并阐述工作原理；
- 熟悉单片机人机交换接口；
- 理解常量的概念并能对单片机 C 语言中用到的常量进行正确定义和使用。

1.2.1　工作任务

熟练设计基于 Proteus ISIS 仿真软件下的单片机最小应用系统硬件电路图，完成发光二极管流水灯程序设计，并在 Proteus 仿真平台上查看运行结果。

1.2.2　任务咨询 1——单片机人机接口

（1）8051 单片机芯片引脚介绍（见图 1-25）

MCS51 系列的单片机引脚是相同的，所以彼此之间是相互兼容的，但选择时要注意的一点是单片机程序存储器空间范围的大小。

① 32 个双向接口线 P0.0～P0.7、P1.0～P1.7、P2.0～P2.7、P3.0～P3.7。要注意的一点是：当 P0 口进行一般的 I/O 输出（写）时，必须外接上拉电阻（1kΩ）；当 P0 口进行一般的 I/O 输入（读）时，必须先对其写“1”。

② 由于工艺及标准化等原因，芯片的引脚数目是有限制的。例如 MCS-51 系列把芯片引脚数目限定为 40 条，但单片机为实现其功能所需要的信号数目却远远超过此数，因此就出现

了需要与可能的矛盾。如何解决这个矛盾？“兼职”是唯一可行的办法，即给一些信号引脚赋以双重功能。如果把前述的信号定义为引脚第一功能的话，则根据需要再定义的信号就是它的第二功能。P3 口的第二功能如表 1-2 所示。

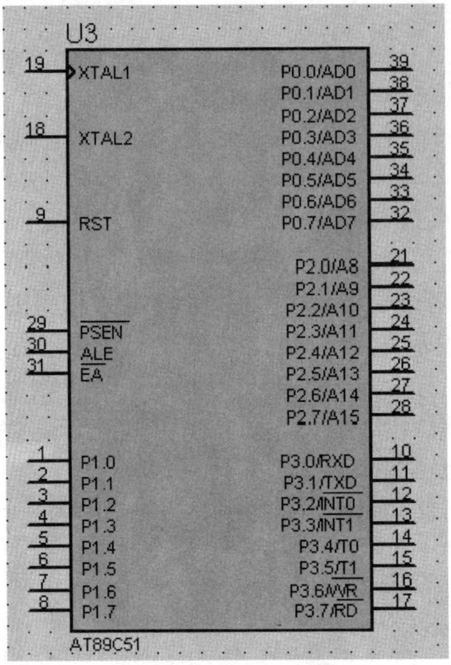

图 1-25　8051 引脚图

表 1-2　P3 口各引脚与第二功能表

引脚	第二功能	信号名称
P3.0	RXD	串行数据接收
P3.1	TXD	串行数据发送
P3.2	$\overline{\mathrm{INT0}}$	外部中断 0 申请
P3.3	$\overline{\mathrm{INT1}}$	外部中断 1 申请
P3.4	T0	定时器/计数器 0 的外部输入
P3.5	T1	定时器/计数器 1 的外部输入
P3.6	$\overline{\mathrm{WR}}$	外部 RAM 写选通
P3.7	$\overline{\mathrm{RD}}$	外部 RAM 读选通

③ ALE：地址锁存控制信号，用以实现低位地址和数据的隔离。注意：这个引脚是输出一个 1/6 晶振频率的正脉冲信号。

④ $\overline{\mathrm{PSEN}}$、$\overline{\mathrm{EA}}$ 这两个引脚在不需要程序存储器扩容时都通过硬件置“1”。

⑤ RST：复位信号。需要注意的是：当输入的复位信号延续两个机器周期以上的高电平时即为有效，在控制上电后，单片机硬件做的第一件工作就是复位。

⑥ XTAL1、XTAL2 外接晶体引线端。

⑦ 电源端 V_{CC}、GND。单片机控制系统常见的是采用+5V 电源。值得注意的是单片机控制系统的电源应该单独供电。

（2）时钟电路（见图 1-26）

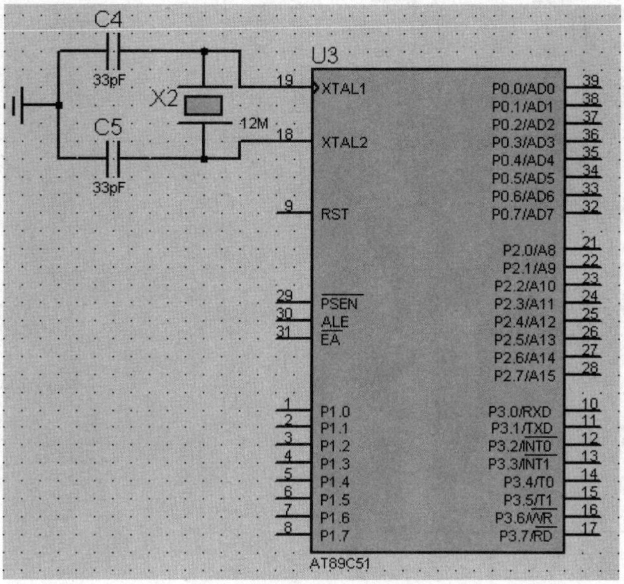

图 1-26　8051 时钟电路

① 时钟信号产生　在 MCS-51 芯片内部有一个高增益反相放大器，其输入端为芯片引脚 XTAL1，其输出端为引脚 XTAL2 。而在芯片的外部，XTAL1 和 XTAL2 之间跨接晶体振荡器和微调电容，从而构成一个稳定的自激振荡器。时钟电路产生的振荡脉冲经过触发器进行二分频之后，才成为单片机的时钟脉冲信号。晶振的选择在单片机控制系统中常见的有 6M、12M、24M 三种，接地电容常用 22pF 或 33pF 陶瓷电容。晶体振荡频率高，则系统的时钟频率也高，单片机运行速度也就快。

在由多片单片机组成的系统中，为了各单片机之间时钟信号的同步，应当引入唯一的公用外部脉冲信号作为各单片机的振荡脉冲。这时外部的脉冲信号是经 XTAL2 引脚注入。

② 机器周期和指令周期　一个机器周期共有 12 个振荡脉冲周期。

指令周期是最大的时序定时单位，执行一条指令所需要的时间称为指令周期。

（3）复位电路

单片机复位是使 CPU 和系统中的其他功能部件都处在一个确定的初始状态，并从这个状态开始工作，例如复位后 PC=0000H，使单片机从第一个单元取指令。无论是在单片机刚开始接上电源时，还是断电后或者发生故障后都要复位。所以必须弄清楚 MCS-51 型单片机的复位条件、复位电路和复位后状态。

单片机复位的条件是：必须使 RST/V_{PD} 或 RST 引脚（9）加上持续两个机器周期（即 24 个振荡周期）的高电平。例如：若时钟频率为 12MHz，每机器周期为 1μs，则只需 2μs 以上时间的高电平。在 RST 引脚出现高电平后的第二个机器周期执行复位。单片机常见的复位电路如图 1-27 所示 8051 上电复位电路和图 1-28 所示 8051 按键复位电路。

上电复位电路，它是利用电容充电来实现的。在接电瞬间，RST 端的电位与 V_{CC} 相同，随着充电电流的减少，RST 的电位逐渐下降。只要保证 RST 为高电平的时间大于 2 个机器周期，便能正常复位。

按键复位电路，除具有上电复位功能外，若要复位，只需按图中的 RESET 键，此时电源 V_{CC} 经电阻 R1、R2 分压，在 RST 端产生一个复位高电平。

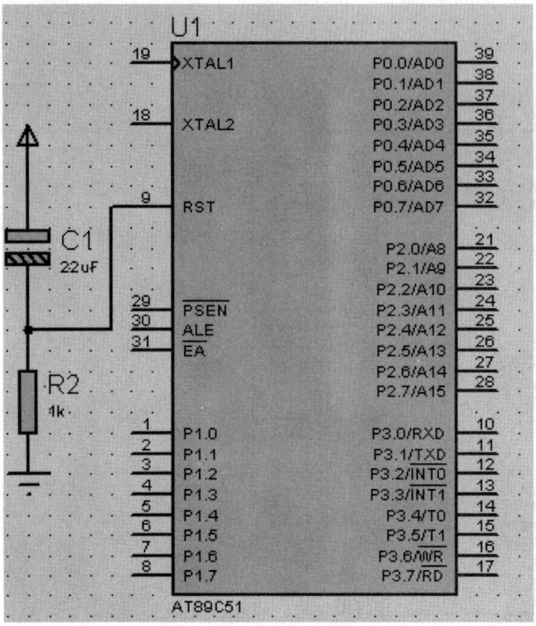

图 1-27　8051 上电复位电路

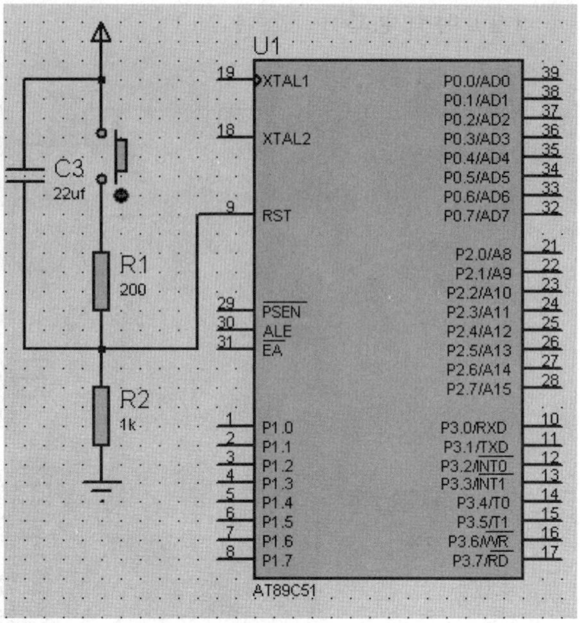

图 1-28　8051 按键复位电路

单片机复位期间不产生 ALE 和 $\overline{\text{PSEN}}$ 信号，即 ALE=1 和 $\overline{\text{PSEN}}$ =1。这表明单片机复位期间不会有任何取指操作。复位后，内部各专用寄存器状态如下：

PC：	0000H	TMOD：	00H
ACC：	00H	TCON：	00H
B：	00H	TH0：	00H
PSW：	00H	TL0：	00H
SP：	07H	TH1：	00H
DPTR：	0000H	TL1：	00H
P0~P3：	FFH	SCON：	00H
IP：	***00000B	SBUF：	不定
IE：	0**00000B	PCON：	0***0000B

1.2.3　任务咨询 2——单片机 C 语言常量

在程序运行过程中值始终不变的量称为常量。C51 语言中，使用整型常量、实型常量、字符型常量、字符串常量和指针常量。

① C 语言整型常量的书写形式有三种。

a. 十进制整数。通常整数的写法，如 0，123，–45，+25。

b. 二进制数。如 11110110。

c. 八进制整数。以数字符 0 开头并由数字符 0～7 组成的数字符序列，为八进制整数。如 0123 表示八进制整数，其值等于十进制整数 1*8*8+2*8+3＝83。

d. 十六进制整数。十六进制整数以 0X（或 0x）开头的整数。表示十六进制数的数字将有 16 个，它们分别是 0～9 和 A、B、C、D、E、F，其中 6 个英文字母也可以小写。例如，0x123 表示十六进制整数，其值等于十进制整数 1*16*16+2*16+3＝291；0xabc，其值等于 10*16*16+11*16+12＝2748。

② 整型常量中需要理清的几个概念：位、字节、字、双字。

1 个字节等于 8 位二进制。在 ASCII 码中，一个英文字母（不分大小写）占一个字节的空间，一个中文汉字占两个字节的空间。1 个字由 2 个字节组成，1 个双字由 2 个字组成。

③ 浮点型常量可分为十进制和指数表示形式。十进制由数字和小数点组成，如 0.888，3345.345，0.0 等，整数或小数部分为 0，可以省略但必须有小数点。指数表示形式为[±]数字[.数字]e[±]数字，[]中的内容为可选项，其中内容根据具体情况可有可无，但其余部分必须有，如 125e3，7e9，–3.0e–3。

④ 字符型常量是单引号内的字符，如'a','d'等，不可以显示的控制字符，可以在该字符前面加一个反斜杠"\"组成专用转义字符。常用转义字符见表 1-3。

表 1-3 常用转义字符

转义字符	含义	ASCII 码（16/10 进制）
\o	空字符（NULL）	00H/0
\n	换行符（LF）	0AH/10
\r	回车符（CR）	0DH/13
\t	水平制表符（HT）	09H/9
\b	退格符（BS）	08H/8
\f	换页符（FF）	0CH/12
\'	单引号	27H/39
\"	双引号	22H/34
\\	反斜杠	5CH/92

⑤ 字符串常量用来表示一个字符序列，它的书写方法用双引号括住字符序列。例如："ABC"、" " 等。字符串常量 " " 是一个空字符串，即不含任何有效字符的字符串。字符串数据顺序存储字符串字符的 ASCII 代码，并在最后字符后面存储一个 H 进制代码全为 0 的特殊字符，用来标记字符串的结束。所以字符串常量 "1234" 在内存占 5 个字节，而空字符串只占 1 个字节。字符串中的字符也可以是转义字符。

⑥ 符号常量。

为了提高程序的可读性，符号常量可以用以下形式命名：

define 标识符常量

其中的标识符也称作符号常量，这里的常量是前面所述的某种常量，或是程序中前面定义的符号常量。例如：

define MAXN 100

常量可用在不必改变值的场合，如固定的数据表，字库等。符号常量的定义方式有几种，下面来加以说明。

```
#define False 0x0; //用预定义语句可以定义常量
#define True 0x1; //这里定义 False 为 0,True 为 1
//在程序中用到 False 编译时自动用 0 替换，同理 True 替换为 1
unsigned int code a=100; //这一句用 code 把 a 定义在程序存储器中并赋值
const unsigned int c=100; //用 const 定义 c 为无符号 int 常量并赋值
```

以上两句它们的值都保存在程序存储器中，而程序存储器在运行中是不允许被修改的，所以如果在这两句后面用了类似 a=110,a++这样的赋值语句，编译时将会出错。

1.2.4 任务咨询 3——单片机 C 语言变量表示方法

在程序中使用变量必须先用标识符作为变量名，并指出所用的数据类型和存储模式，这样编译系统才能为变量分配相应的存储空间。定义一个变量的格式如下：

[存储种类]　数据类型　[存储器类型]　变量名表

在定义格式中除了数据类型和变量名表是必要的，其他都是可选项。

1.2.4.1　存储种类

存储种类有四种：自动（auto）、外部（extern）、静态（static）和寄存器（register），缺省类型为自动（auto）。如果省略存储器类型，系统则会按编译模式 small、compact 或 large 所规定的默认存储器类型去指定变量的存储区域。

（1）small 模式

所有缺省变量参数均装入内部 RAM，优点是访问速度快，缺点是空间有限，只适用于小程序。

（2）compact 模式

所有缺省变量均位于外部 RAM 区的一页(256Bytes)，具体哪一页可由 P2 口指定，在 STARTUP.A51 文件中说明，也可用 pdata 指定，优点是空间较 small 为宽裕，速度较 small 慢，较 large 要快，是一种中间状态。

（3）large 模式

所有缺省变量可放在多达 64KB 的外部 RAM 区，优点是空间大，可存变量多，缺点是速度较慢。

1.2.4.2　存储器类型（见表 1-4）

表 1-4　存储器类型

存储器类型	说　明
data	直接访问内部数据存储器（128 字节），访问速度最快
bdata	可位寻址内部数据存储器（16 字节），允许位与字节混合访问
idata	间接访问内部数据存储器（256 字节），允许访问全部内部地址
pdata	分页访问外部数据存储器（256 字节）
xdata	外部数据存储器（64KB）
code	程序存储器（64KB）

在存储类型表格中接触到了数据存储器和程序存储器。以下将详细介绍数据存储器和程序存储器的相关概念。

（1）内部数据存储器

MCS-51 单片机的芯片内部有 RAM 和 ROM 两类存储器，即所谓的内部 RAM 和内部 ROM，首先分析内部 RAM。

1）内部数据存储器低 128 单元　8051 的内部 RAM 共有 256 个单元，通常把这 256 个单元按其功能划分为两部分：低 128 单元（单元地址 00H～7FH）和高 128 单元（单元地址 80H～FFH）。表 1-5 所示为低 128 单元的配置图。

表 1-5　片内 RAM 的配置

30H～7FH	数据缓冲区
20H～2FH	位寻址区（00H～7FH）
18H～1FH	工作寄存器 3 区（R7～R0）
10H～17H	工作寄存器 2 区（R7～R0）
08H～0FH	工作寄存器 1 区（R7～R0）
00H～07H	工作寄存器 0 区（R7～R0）

低 128 单元是单片机的真正 RAM 存储器，按其用途划分为三个区域。

① 寄存器区　共有四组寄存器，每组 8 个寄存单元（各为 8 位），各组都以 R0～R7 作寄存单元编号。寄存器常用于存放操作数及中间结果等，由于它们的功能及使用不作预先规定，因此称之为通用寄存器，有时也叫工作寄存器。四组通用寄存器占据内部 RAM 的 00H～1FH 单元地址。

在任一时刻，CPU 只能使用其中的一组寄存器，并且把正在使用的那组寄存器称之为当前寄存器组。到底是哪一组，由程序状态字寄存器 PSW 中 RS1、RS0 位的状态组合来决定。

通用寄存器为 CPU 提供了就近数据存储的便利，有利于提高单片机的运算速度。此外，使用通用寄存器还能提高程序编制的灵活性，因此在单片机的应用编程中应充分利用这些寄存器，以简化程序设计，提高程序运行速度。

② 位寻址区　内部 RAM 的 20H～2FH 单元，既可作为一般 RAM 单元使用，进行字节操作，也可以对单元中每一位进行位操作，因此把该区称之为位寻址区。位寻址区共有 16 个 RAM 单元，计 128 位，位地址为 00H～7FH。MCS-51 具有布尔处理机功能，这个位寻址区可以构成布尔处理机的存储空间。这种位寻址能力是 MCS-51 的一个重要特点。表 1-6 为位寻址区的位地址。

表 1-6　片内 RAM 位寻址区的位地址

单元地址	MSB			位地址				LSB
2FH	7F	7E	7D	7C	7B	7A	79	78
2EH	77	76	75	74	73	72	71	70
2DH	6F	6E	6D	6C	6B	6A	69	68
2CH	67	66	65	64	63	62	61	60
2BH	5F	5E	5D	5C	5B	5A	59	58
2AH	57	56	55	54	53	52	51	50
29H	4F	4E	4D	4C	4B	4A	49	48
28H	47	46	45	44	43	42	41	40
27H	3F	3E	3D	3C	3B	3A	39	38
26H	37	36	35	34	33	32	31	30
25H	2F	2E	2D	2C	2B	2A	29	28
24H	27	26	25	24	23	22	21	20
23H	1F	1E	1D	1C	1B	1A	19	18
22H	17	16	15	14	13	12	11	10
21H	0F	0E	0D	0C	0B	0A	09	08
20H	07	06	05	04	03	02	01	00

③ 用户 RAM 区　在内部 RAM 低 128 单元中，通用寄存器占去 32 个单元，位寻址区占去 16 个单元，剩下 80 个单元，这就是供用户使用的一般 RAM 区，其单元地址为 30H～7FH。

对用户 RAM 区的使用没有任何规定或限制，但在一般应用中常把堆栈开辟在此区中。

2）内部数据存储器高 128 单元　内部 RAM 的高 128 单元是供给专用寄存器使用的，其单元地址为 80H～FFH。因这些寄存器的功能已作专门规定，故而称之为专用寄存器（Special Function Register），也可称为特殊功能寄存器。

① 专用寄存器（SFR）简介　8051 共有 21 个专用寄存器，现把其中部分寄存器简单介绍如下。

a. 程序计数器（PC——Program Counter）。在实训中已经知道 PC 是一个 16 位的计数器，它的作用是控制程序的执行顺序。其内容为将要执行指令的地址，寻址范围达 64KB。PC 有自动加 1 功能，从而实现程序的顺序执行。PC 没有地址，是不可寻址的。因此用户无法对它进行读写。但可以通过转移、调用、返回等指令改变其内容，以实现程序的转移。因地址不在 SFR 之内，一般不计作专用寄存器。

b. 累加器（ACC——Accumulator）。累加器为 8 位寄存器，是最常用的专用寄存器，功能较多，地位重要。它既可用于存放操作数，也可用来存放运算的中间结果。MCS-51 单片机中大部分单操作数指令的操作数就取自累加器，许多双操作数指令中的一个操作数也取自累加器。

c. B 寄存器。B 寄存器是一个 8 位寄存器，主要用于乘除运算。乘法运算时，B 是乘数。乘法操作后，乘积的高 8 位存于 B 中。除法运算时，B 是除数。除法操作后，余数存于 B 中。此外，B 寄存器也可作为一般数据寄存器使用。

d. 程序状态字（PSW——Program Status Word）。程序状态字是一个 8 位寄存器，用于存程序运行中的各种状态信息。其中有些位状态是根据程序执行结果，由硬件自动设置的，而有些位状态则使用软件方法设定。PSW 的位状态可以用专门指令进行测试，也可以用指令读出。一些条件转移指令将根据 PSW 有些位的状态，进行程序转移。PSW 的各位定义如下：

PSW 位地址	D7H	D6H	D5H	D4H	D3H	D2H	D1H	D0H
字节地址 D0H	CY	AC	F0	RS1	RS0	OV	F1	P

除 PSW.1 位保留未用外，对其余各位的定义及使用介绍如下。

CY（PSW.7）——进位标志位。CY 是 PSW 中最常用的标志位，其功能有二：一是存放算术运算的进位标志，在进行加或减运算时，如果操作结果最高位有进位或借位时，CY 由硬件置“1”，否则清“0”；二是在位操作中，作累加位使用。位传送、位与、位或等位操作，操作位之一固定是进位标志位。

AC（PSW.6）——辅助进位标志位。在进行加减运算中，当有低 4 位向高 4 位进位或借位时，AC 由硬件置“1”，否则 AC 位被清“0”。在 BCD 码调整中也要用到 AC 位状态。

F0（PSW.5）——用户标志位。这是一个供用户定义的标志位，需要利用软件方法置位或复位，用以控制程序的转向。

RS1 和 RS0（PSW.4，PSW.3）——寄存器组选择位。用于选择 CPU 当前工作的通用寄存器组。通用寄存器共有四组，其对应关系如表 1-7 所示。

表 1-7　寄存器组选择

RS1	RS0	寄存器组	片内 RAM 地址
0	0	第 0 组	00H～07H
0	1	第 1 组	08H～0FH
1	0	第 2 组	10H～17H
1	1	第 3 组	18H～1FH

这两个选择位的状态是由软件设置的，被选中的寄存器组即为当前通用寄存器组。但当单片机上电或复位后，RS1 RS0=00。

OV（PSW.2）——溢出标志位。在带符号数加减运算中，OV=1 表示加减运算超出了累加器 A 所能表示的符号数有效范围（–128～+127），即产生了溢出，因此运算结果是错误的；

否则，OV=0 表示运算正确，即无溢出产生。

在乘法运算中，OV=1 表示乘积超过 255，即乘积分别在 B 与 A 中；否则，OV=0，表示乘积只在 A 中。

在除法运算中，OV=1 表示除数为 0，除法不能进行；否则，OV=0，除数不为 0，除法可正常进行。

P（PSW.0）——奇偶标志位。表明累加器 A 内容的奇偶性，如果 A 中有奇数个“1”，则 P 置“1”，否则置“0”。凡是改变累加器 A 中内容的指令均会影响 P 标志位。

此标志位对串行通信中的数据传输有重要的意义。在串行通信中常采用奇偶校验的办法来校验数据传输的可靠性。

e. 数据指针（DPTR）。数据指针为 16 位寄存器，它是 MCS-51 中一个 16 位寄存器。编程时，DPTR 既可以按 16 位寄存器使用，也可以按两个 8 位寄存器分开使用，即：

DPH　DPTR 高位字节

DPL　DPTR 低位字节

DPTR 通常在访问外部数据存储器时作地址指针使用，由于外部数据存储器的寻址范围为 64KB，故把 DPTR 设计为 16 位。

f. 堆栈指针（SP——Stack Pointer）。堆栈是一个特殊的存储区，用来暂存数据和地址，它是按“先进后出”的原则存取数据的。堆栈共有两种操作：进栈和出栈。

MCS-51 单片机由于堆栈设在内部 RAM 中，因此 SP 是一个 8 位寄存器。系统复位后,SP 的内容为 07H，使得堆栈实际上从 08H 单元开始。但 08H～1FH 单元分别属于工作寄存器 1～3 区，如程序中要用到这些区,则最好把 SP 值改为 1FH 或更大的值。一般地,堆栈最好在内部 RAM 的 30H～7FH 单元中开辟。 SP 的内容一经确定,堆栈的位置也就跟着确定下来，由于 SP 可初始化为不同值，因此堆栈位置是浮动的。

此处只集中讲述了六个专用寄存器，其余的专用寄存器（如 TCON、TMOD、IE、IP、SCON、PCON、SBUF 等）将在以后章节中陆续介绍。

② 专用寄存器中的字节寻址和位地址　MCS-51 系列单片机有 21 个可寻址的专用寄存器，其中有 11 个专用寄存器是可以位寻址的。下面把各寄存器的字节地址及位地址一并列于表 1-8。

表 1-8　MCS-51 专用寄存器地址

SFR	MSB			位地址/位定义				LSB	字节地址
B	F7	F6	F5	F4	F3	F2	F1	F0	F0H
ACC	E7	E6	E5	E4	E3	E2	E1	E0	E0H
PSW	D7	D6	D5	D4	D3	D2	D1	D0	D0H
	CY	AC	F0	RS1	RS0	OV	F1	P	
IP	BF	BE	BD	BC	BB	BA	B9	B8	B8H
	/	/	/	PS	PT1	PX1	PT0	PX0	
P3	B7	B6	B5	B4	B3	B2	B1	B0	B0H
	P3.7	P3.6	P3.5	P3.4	P3.3	P3.2	P3.1	P3.0	
IE	AF	AE	AD	AC	AB	AA	A9	A8	A8H
	EA	/	/	ES	ET1	EX1	ET0	EX0	
P2	A7	A6	A5	A4	A3	A2	A1	A0	A0H
	P2.7	P2.6	P2.5	P2.4	P2.3	P2.2	P2.1	P2.0	
SBUF									(99H)

续表

SFR	MSB			位地址/位定义				LSB	字节地址
SCON	9F	9E	9D	9C	9B	9A	99	98	98H
	SM0	SM1	SM2	REN	TB8	RB8	TI	RI	
P1	97	96	95	94	93	92	91	90	90H
	P1.7	P1.6	P1.5	P1.4	P1.3	P1.2	P1.1	P1.0	
TH1									(8DH)
TH0									(8CH)
TL1									(8BH)
TL0									(8AH)
TMOD	GAT	C/T	M1	M0	GAT	C/T	M1	M0	(89H)
TCON	8F	8E	8D	8C	8B	8A	89	88	88H
	TF1	TR1	TF0	TR0	IE1	IT1	IE0	IT0	
PCON	SMO	/	/	/	/	/	/	/	(87H)
DPH									(83H)
DPL									(82H)
SP									(81H)
P0	87	86	85	84	83	82	81	80	80H
	P0.7	P0.6	P0.5	P0.4	P0.3	P0.2	P0.1	P0.0	

对专用寄存器的字节寻址问题作如下几点说明。

a. 21 个可字节寻址的专用寄存器是不连续地分散在内部 RAM 高 128 单元之中，尽管还余有许多空闲地址，但用户并不能使用。

b. 程序计数器 PC 不占据 RAM 单元，它在物理上是独立的，因此是不可寻址的寄存器。

c. 对专用寄存器只能使用直接寻址方式，书写时既可使用寄存器符号，也可使用寄存器单元地址。

表中凡字节地址不带括号的寄存器都是可进行位寻址的寄存器，而带括号的是不可位寻址的寄存器。全部专用寄存器可寻址的位共 83 位，这些位都具有专门的定义和用途。这样加上位寻址区的 128 位，在 MCS-51 的内部 RAM 中共有 128+83=211 个可寻址位。

（2）MCS-51 内部程序存储器

MCS-51 的程序存储器用于存放编好的程序和表格常数。8051 片内有 4KB 的 ROM，8751 片内有 4KB 的 EPROM，8031 片内无程序存储器。MCS-51 的片外最多能扩展 64K 字节程序存储器，片内外的 ROM 是统一编址的。如 $\overline{EA}$ 端保持高电平，8051 的程序计数器 PC 在 0000H～0FFFH 地址范围内（即前 4KB 地址）是执行片内 ROM 中的程序，当 PC 在 1000H～FFFFH 地址范围时，自动执行片外程序存储器中的程序，当 $\overline{EA}$ 保持低电平时，只能寻址外部程序存储器，片外存储器可以从 0000H 开始编址。

MCS-51 的程序存储器中有些单元具有特殊功能，使用时应予以注意。

其中一组特殊单元是 0000H～0002H。系统复位后，（PC）=0000H，单片机从 0000H 单元开始取指令执行程序。如果程序不从 0000H 单元开始，应在这三个单元中存放一条无条件转移指令，以便直接转去执行指定的程序。

还有一组特殊单元是 0003H～002AH，共 40 个单元。这 40 个单元被均匀地分为五段，作为五个中断源的中断地址区。其中：

0003H～000AH 外部中断 0 中断地址区

000BH～0012H 定时器/计数器 0 中断地址区

0013H～001AH 外部中断 1 中断地址区

001BH～0022H 定时器/计数器 1 中断地址区

0023H～002AH 串行中断地址区

中断响应后，按中断种类，自动转到各中断区的首地址去执行程序。因此在中断地址区中理应存放中断服务程序。但通常情况下，8 个单元难以存下一个完整的中断服务程序，因此通常也是从中断地址区首地址开始存放一条无条件转移指令，以便中断响应后，通过中断地址区，再转到中断服务程序的实际入口地址去。

1.2.4.3 数据类型

在单片机 C 语言中经常用到的变量是整型、长整型、浮点型、指针型、bit 位标量、sfr、sfr16、sbit，见表 1-9。

表 1-9 数据类型

数 据 类 型	长 度	值 域
signed char	单字节	–128～+127
unsigned int	双字节	0～65535
signed int	双字节	–32768～+32767
unsigned long	四字节	0～4294967295
signed long	四字节	–2147483648～+2147483647
float	四字节	±1.175494E–38～±3.402823E+38
*	1～3 字节	对象的地址
bit	位	0 或 1
sfr	单字节	0～255
sfr16	双字节	0～65535
sbit	位	0 或 1

（1）整型

整型变量又可分为以下几种。

① 基本型　类型说明符为 int，在内存中占 2 个字节

② 短整型　类型说明符为 short int。所占字节和取值范围均与基本型相同。

③ 长整型　类型说明符为 long int 或 long ，在内存中占 4 个字节，其取值为长整常数。

④ 无符号型　类型说明符为 unsigned。

a. 无符号基本型。类型说明符为 unsigned int 或 unsigned。

b. 无符号短整型。类型说明符为 unsigned short。

c. 无符号长整型。类型说明符为 unsigned long。

各种无符号类型量所占的内存空间字节数与相应的有符号类型量相同。但由于省去了符号位，故不能表示负数。当定义一个变量为特定的数据类型时，在程序使用该变量不应使它的值超过数据类型的值域。

（2）float 浮点型

float 浮点型定义类似于长整型，不再详述。

（3）指针型

指向另一个数据的地址。这个指针变量要占据一定的内存单元，对不一样的处理器长度也不尽相同，在 C51 中它的长度一般为 1～3 个字节。指针变量的类型，在以后的课程中有专门一课作探讨，这里就不多说了。

（4）bit 位标量

bit 位标量是 C51 编译器的一种扩充数据类型，利用它可定义一个位标量，但不能定义位指针，也不能定义位数组。

（5）sfr 特殊功能寄存器

sfr 也是一种扩充数据类型，占用一个内存单元，值域为 0～255。利用它能访问 51 单片机内部的所有特殊功能寄存器。如用 sfr P1 = 0x90 这一句定义 P1 为 P1 端口在片内的寄存器。

（6）sfr16

sfr16 占用两个内存单元，值域为 0～65535。sfr16 和 sfr 一样用于操作特殊功能寄存器，所不一样的是它用于操作占两个字节的寄存器，如定时器 T0 和 T1。

（7）sbit 可寻址位

sbit 同样是单片机 C 语言中的一种扩充数据类型，利用它能访问芯片内部的 RAM 中的可寻址位或特殊功能寄存器中的可寻址位。

```
sfr  P1  =  0x90;  //因 P1 端口的寄存器是可位寻址的，所以能定义
sbit  P1_1  =  P1 ^ 1;   //P1_1 为 P1 中的 P1.1 引脚
```

1.2.5 操作步骤

（1）在 Proteus ISIS 下绘制电路图

请同学们自行设计并在 Proteus ISIS 下绘制基于单片机最小应用系统的彩灯循环控制电路图，可参考图 1-22。

（2）程序

参考教师程序，在 uv2 下编写如下程序，先让 8 个发光二极管全暗，延时 1s 后，按照 D0—D1—D2—D3—D4—D5—D6—D7 顺序依次点亮，时间间隔为 50ms。

```
#include <reg51.h>
#include <stdio.h>
#include <intrins.h>
#define uchar unsigned char
#define uint unsigned int
 /*********************************
函数名称：Delay50ms(uchar x)
函数功能：延时 50ms
函数作者：张晓芳
创建时间：2011-2-20
**********************************/
Delay50ms(uchar x)
```

```
{
    uchar y,z;
    for(;x>0;x--)
        for(y=200;y>0;y--)
        for(z=250;z>0;z--);
}
/*********************************
函数名称：main（void）
函数功能：主函数
调用函数：Delay50ms（uchar x）
函数作者：张晓芳
创建时间：2011-2-20
*********************************/
void main()
{
    uchar i;
    while(1)
    {
        P1=0xff;
        Delay50ms(20);
        P1=0xfe;
        for(i=0;i<8;i++)
        {
            Delay50ms(10);
            P1=_crol_(P1,1);
        }
    }
}
```

（3）编译调试程序

（4）在 Proteus ISIS 硬件电路上查看仿真结果

1.2.6 讨论学习

在书写程序时，第一句为#include <reg51.h>。reg51.h 为头文件，在创建此 C 文件时包含了已经定义好的头文件。reg51.h 头文件中规定符号名与地址的对应关系。例如 sfr P0 = 0x80，即对 P0 口进行了定义，指向单片机的 80h。包含头文件后，使用 P0（还有其他更多的符号）这个符号，即通知 C 编译器，程序中所写的 P0 是指 80C51 单片机的 P0 端口，而不是其他变量。在 uv2 中编译成功后，点击头文件，可查看头文件内容，如图 1-29 所示。

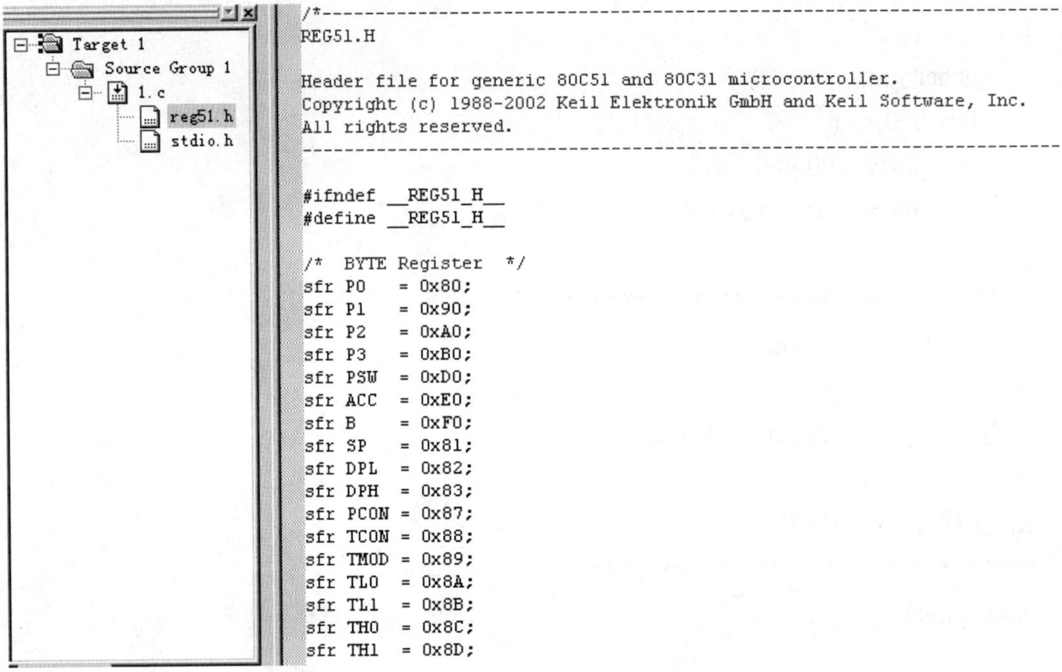


```
/*--------------------------------------------------------------------------
REG51.H

Header file for generic 80C51 and 80C31 microcontroller.
Copyright (c) 1988-2002 Keil Elektronik GmbH and Keil Software, Inc.
All rights reserved.
--------------------------------------------------------------------------

#ifndef __REG51_H__
#define __REG51_H__

/*  BYTE Register  */
sfr P0    = 0x80;
sfr P1    = 0x90;
sfr P2    = 0xA0;
sfr P3    = 0xB0;
sfr PSW   = 0xD0;
sfr ACC   = 0xE0;
sfr B     = 0xF0;
sfr SP    = 0x81;
sfr DPL   = 0x82;
sfr DPH   = 0x83;
sfr PCON  = 0x87;
sfr TCON  = 0x88;
sfr TMOD  = 0x89;
sfr TL0   = 0x8A;
sfr TL1   = 0x8B;
sfr TH0   = 0x8C;
sfr TH1   = 0x8D;
```

图 1-29　reg51.h 内容

任务 1-3　节日彩灯设计

学习目标：

- 能熟练对 intrins.h 标准库函数中的_crol_(a,j)进行调用，编写程序并能熟练进行调试查看结果；
- 能熟练进行宏定义；
- 能熟练使用运算符和表达式编写程序；
- 能在教师指导下绘制程序框图。

1.3.1　工作任务

四盏灯交替亮完后，四盏灯同时全亮 1s 后熄灭 1s，然后八盏灯依次亮，然后再回初始状态，如此往复。同学们也可自行设计节日彩灯的变换情况。

1.3.2　操作步骤

（1）硬件电路

硬件电路如图 1-2 所示。

（2）程序框图

程序框图是编写程序的核心，它是任务要求和单片机 C 语言程序编写的桥梁，是硬件和软件衔接的载体。根据任务要求设计程序框图，体现了整个编程思路。根据程序框图，用 C 语言编写程序。对程序框图设计应该引起足够重视。根据任务要求，设计的程序框图如图 1-30 所示，请同学们完成。

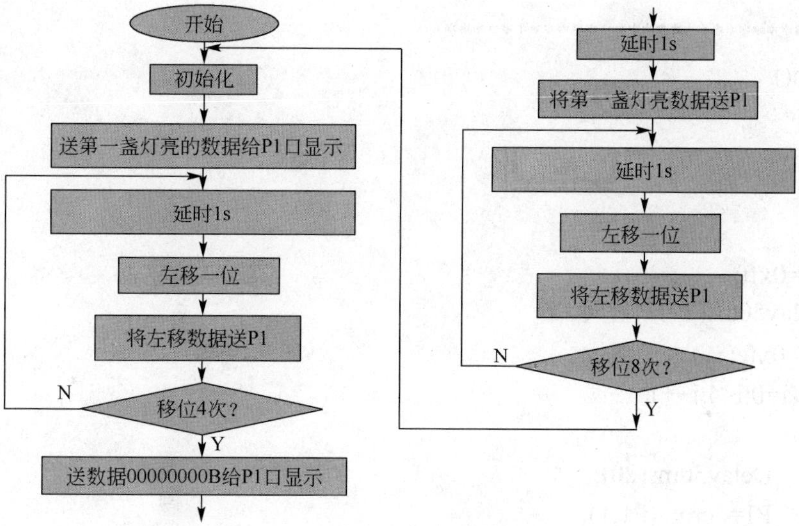

图 1-30　程序框图

（3）程序

```
#include <reg51.h>
#include <stdio.h>
#include <intrins.h>
#define uchar unsigned char
#define uint unsigned int
/********************************
函数名称：Delay50ms(uchar x)
函数功能：延时 50ms
函数作者：张晓芳
创建时间：2011-2-20
**********************************/
Delay50ms(uchar x)
{
uchar y,z;
for(;x>0;x--)
    for(y=200;y>0;y--)
        for(z=250;z>0;z--);
}

/*********************************
函数名称：main（void）
函数功能：主函数
调用函数：Delay50ms（uchar x）
函数作者：张晓芳
创建时间：2011-2-20
```

```
*********************************/
void main()
{
 uchar i;
 while(1)
 {
      P1=0xff;
      Delay50ms(20);//全灭 1s
      P1=0xfe;
      for(i=0;i<4;i++)
      {
          Delay50ms(20);
          P1=_crol_(P1,1);
      }//四盏灯依次点亮 1s
         P1=0;
         Delay50ms(20);//全亮 1s
         P1=0xff;
         Delay50ms(20);//全灭 1s
         P1=0xfe;
       for(i=0;i<8;i++)
      {
         Delay50ms(20);
         P1=_crol_(P1,1);
      }//八盏灯依次点亮 1s
 }
}
```

1.3.3　讨论学习

1.3.3.1　宏定义

程序中#define uchar unsigned char 为宏定义，用 uchar 替代了 unsigned char，以下用到 unsigned char 只需用 uchar 就可以，简洁明了。宏定义以#define 开头，宏定义结束后无需“；”结束。例如“#define Pi 3.1415926”，就定义了 Pi=3.1415926。

1.3.3.2　运算符和表达式

运算符就是完成某种特定运算的符号。运算符按其表达式中与运算符的关系可分为单目运算符、双目运算符和三目运算符。单目就是指需要有一个运算对象，双目就要求有两个运算对象，三目则要三个运算对象。表达式是由运算符及运算对象所组成的具有特定含义的式子。C 语言是一种表达式语言，表达式后面加“;”号就构成了一个表达式语句。

（1）赋值运算符

赋值运算符“=”，在 C 中它的功能是给变量赋值，称之为赋值运算符，如 x=10。此可见利用赋值运算符将一个变量与一个表达式连接起来的式子为赋值表达式，在表达式后面加“;”便构成了赋值语句。使用“=”的赋值语句格式如下：

变量=表达式;

示例如下：

a = 0xa6; /*将常数十六进制数 0xa6 赋予变量 a*/

b = c = 33; /*同时赋值给变量 b,c*/

d = e; /*将变量 e 的值赋予变量 d*/

f = a+b; /*将变量 a+b 的值赋予变量 f*/

由上面的例子可知，赋值语句的意义就是先计算出“=”右边的表达式的值，然后将得到的值赋给左边的变量。而且右边的表达式可以是一个赋值表达式。

需要注意“= =”与“=”两个符号的区别，有时编译报错，往往就是错在 if（b = 0xff）之类的语句中，错将“==”用为“=”。“==”符号是用来进行相等关系的运算。

（2）算术运算符

对于 a+b，a/b 这样的表达式大家都很熟悉，用在 C51 语言中，“+”、“/”就是算术运算符。C51 中的算术运算符有如下几个，其中只有取正值和取负值运算符是单目运算符，其他则都是双目运算符：

+ 加或取正值运算符

– 减或取负值运算符

* 乘运算符

/ 除运算符

% 模（取余）运算符，如 8 % 5 = 3，即 8 除以 5 的余数是 3

算术表达式的形式为：

运算对象 1 算术运算符运算对象 2

运算对象可以是常量、变量、函数、数组、结构等。如：

a+b*(10–a);

(x+9)/(y–a);

a*(b+c)–(d–e)/f;

a+b/c–'T';

除法运算符和一般的算术运算规则有所不同，如是两浮点数相除，其结果为浮点数，如 10.0/20.0 所得值为 0.5，而两整数相除时，所得值就是整数，如 7/3，值为 2。与 ANSIC 一样，运算符与有优先级和结合性，同样可用括号“（）”改变优先级。

（3）关系运算符

C51 中有 6 种关系运算符：

> 大于

< 小于

>= 大于等于

<= 小于等于

== 测试等于

!= 测试不等于

当两个表达式用关系运算符连接起来时，就是关系表达式。关系表达式通常用来判别某个条件是否满足。要注意的是用关系运算符的运算结果只有 0 和 1 两种，也就是逻辑的真与假，当指定的条件满足时结果为 1，不满足时结果为 0。格式如下：

表达式 1 关系运算符 表达式 2

如：I<J, I>＝J,(I = 4)>(J = 3), J+1>J

（4）逻辑运算符

关系运算符所能反映的是两个表达式之间的大小关系，逻辑运算符则用于求条件式的逻辑值，用逻辑运算符将关系表达式或逻辑量连接起来就是逻辑表达式。格式如下：

逻辑与：条件式 1 && 条件式 2。

逻辑或：条件式 1 || 条件式 2。

逻辑非：! 条件式。

逻辑与，就是当条件式 1 与条件式 2 都为真时结果为真（非 0 值），否则为假（0 值）。也就是说运算会先对条件式 1 进行判断，如果为真（非 0 值），则继续对条件式 2 进行判断，当结果为真时，逻辑运算的结果为真（值为 1），如果结果不为真时，逻辑运算的结果为假（0 值）。如果在判断条件式 1 时就不为真的话，就不用再判断条件式 2 了，而直接给出运算结果为假。逻辑或，是指只要两个运算条件中有一个为真时，运算结果就为真，只有当条件式都不为真时，逻辑运算结果才为假。逻辑非，则是把逻辑运算结果值取反，也就是说如果两个条件式的运算值为真，进行逻辑非运算后则结果变为假，条件式运算值为假时最后逻辑结果为真。

如 a = 7, b = 6, c = 0 时，则：

!a 为假，!c 为真。

a &&b 为真； !a && b 为假；b || c 为真。

(a>0) && (b>3) 为真；(a>8) && (b>0) 为假。

（5）位运算符

C51 语言也能对运算对象进行按位操作，从而使 C51 语言也具有一定的对硬件直接进行操作的能力。位运算符的作用是按位对变量进行运算，但并不改变参与运算的变量的值。如果要求按位改变变量的值，则要利用相应的赋值运算。位运算符不能用来对浮点型数据进行操作。位运算一般的表达形式如下：

变量 1 位运算符 变量 2

C51 中共有 6 种位运算符：

& 按位与

| 按位或

^ 按位异或

～ 按位取反

<< 左移

>> 右移

位运算符也有优先级，从高到低依次是：“～”（按位取反）→“<<”（左移）→“>>”（右移）→“&”（按位与）→“^”（按位异或）→ “|”（按位或）。

如 a = 0x54 = 0101 0100B, b = 0x3b = 0011 1011B ，则：a & b =00010000, a | b = 01111111, a ^ b = 01101111, ～a = 10101011, a<<2 =01010000, b>>1 = 00011101。

（6）复合运算符

复合运算符就是在赋值运算符“=”的前面加上其他运算符。以下是 C51 语言中的复合赋值运算符：

+= 加法赋值>>= 右移位赋值

–= 减法赋值&= 逻辑与赋值

*= 乘法赋值|= 逻辑或赋值

/= 除法赋值^= 逻辑异或赋值

%= 取模赋值~= 逻辑非赋值

<<= 左移位赋值

变量复合赋值运算符表达式其含义就是变量与表达式先进行运算符所要求的运算，再把运算结果赋值给参与运算的变量。其实这是 C 语言中简化程序的一种方法，凡是二目运算都可以用复合赋值运算符去简化表达。例如：a+=56 等价于 a=a+56，y/=x+9 等价于 y=y/(x+9)。很明显采用复合赋值运算符会降低程序的可读性，但这样却可以使程序代码简单化，并能提高编译的效率。对于初学 C51 语言的读者，在编程时最好还是根据自己的理解力和习惯去使用程序表达的方式，不要一味追求程序代码的短小。

（7）指针和地址运算符

指针是 C 语言中十分重要的概念，也是学习 C51 语言中的一个难点。C51 语言中提供的两个专门用于指针和地址的运算符：* 取内容、& 取地址，将在后续课程中讲解。

1.3.3.3 标准库函数

程序中用“P1=_crol_(P1,1)”完成了将 P1 中的数循环左移 1 位后赋给 P1。“_crol_(P1,1)”就是一个标准库函数。标准库函数，是指由编译系统提供的、用户可直接调用的函数。在程序设计中，多使用库函数使程序代码简单、结构清晰、易于调试和维护。C51 提供了丰富的标准库函数，并把它们分门别类地归属到不同的头文件中，在调用标准库函数时，首先应该用“#include 头文件”将头文件包含进来。表 1-10 列出了常用的标准库函数及其头文件。

表 1-10 常用的标准库函数及分类

函数名称	函数类型	所属头文件
isalnum,isalpha,iscntrl,isdigit,isgraph,islower,isprint,ispunct,isspace,isupper,isxdigit,toascii,toint,tolower,toupper,_tolower,_toupper	字符函数	ctype.h
_getkey,getcher,gets,ungetcher,putchar,printf,sprintf,puts,scanf,sscanf,vprintf,vsprintf	标准 I/O 函数	stdio.h
memchr,memcmp,memcpy,memccpy,memmove,memset,strcat,strncat,strcmp,strncmp,strcpy,strncpy,strlen,strstr,strchr,strrchr,strspn,strcspn,strpbrk,strrpbrk	字符串函数	string.h
atof,atoll,atoi,calloc,free,init_mempool,malloc,realloc,rand,srand,strtod,strtol,strtoul	标准函数	stdlib.h
abs,cabs,fabs,labs,exp,log,log10,sqrt,cos,sin,tan,acos,asin,atan,atan2,cosh,sinh,tanh,ceil,floor,modf,pow	数学函数	math.h
chkfloat,_crol_,_irol_,_lrol_,_cror_,_iror_,_lror_,_nop_,_testbit_	内部函数	intrins.h

项目小结

1. KeiluVision2 仿真软件的使用。如何建立一个工程和 C 文件，如何进行调试。

2. 进制之间的相互转换。

3. 基于 C51 单片机应用的一般操作步骤：使用 Proteus ISIS 设计硬件电路图，绘制程序框图，编写程序代码。

4. 掌握单片机最小应用系统。

项目 2　简易球赛记分牌设计

项目背景：随着社会的发展、科技的进步及人们生活方式的改变，各种方便的智能控制系统已融入人们生活的方方面面。体育比赛记分系统是对体育比赛中比分等数据进行快速采集与加工处理，便于裁判和观众作出正确的判断。

客户要求：根据比赛规则双方分别用两个数码管显示得分，之间显示"："。同时可现场统计分数，某队胜出，通过按键为某队加分。按复位键数码管清 0。

项目分析：根据以上要求，将任务分为三个阶段：① 数码管显示；② 子程序的编写和调用；③ 按键工作原理及应用并实现整体设计效果。

单片机硬件电路部分在仿真软件 Proteus ISIS 下设计，实现效果如图 2-1 所示。

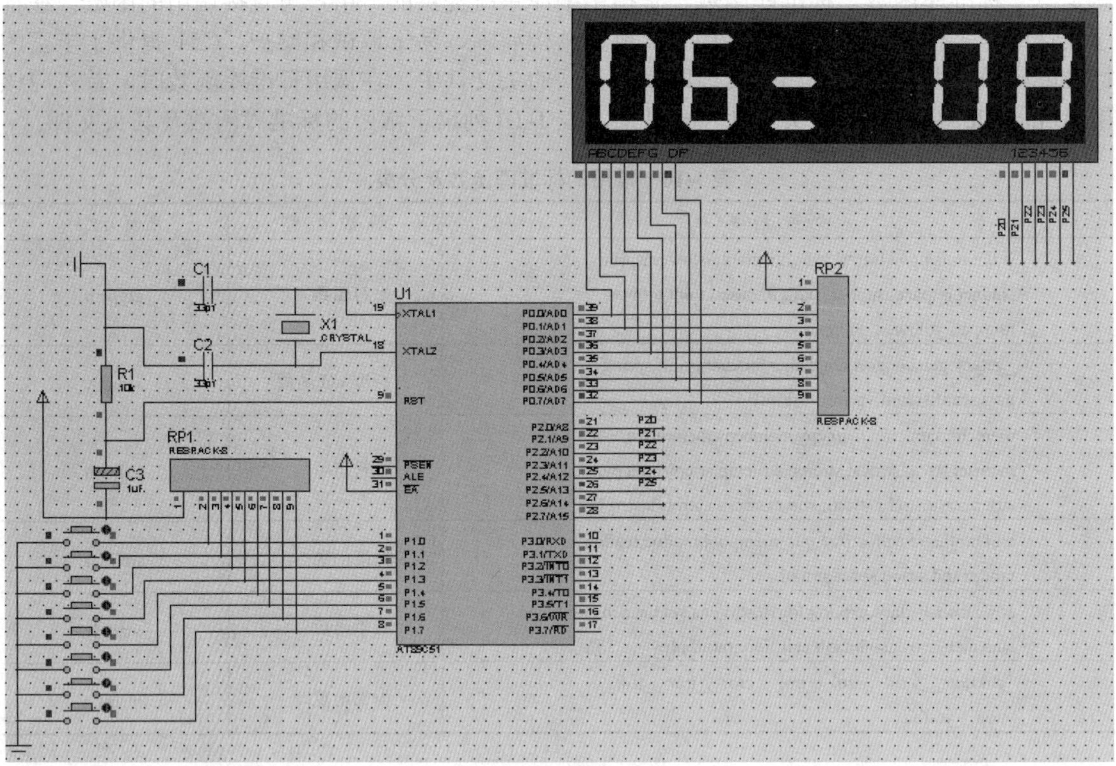

图 2-1　实现效果

任务 2-1　让数码管显示 1

学习目标：

- 能理解数码管与单片机接口技术；
- 掌握数码管工作原理；

◗ 能在 C 语言下完成数码管段码表设计，并能用数组完成数码管相应数值的显示；

◗ 能用 while 等循环语句进行分支设计。

2.1.1 工作任务

设计数码管工作电路，让数码管显示数值，例如 1。

2.1.2 任务咨询——数码管工作原理

单片机系统中常用的显示器有：发光二极管 LED(Light Emitting Diode)显示器、液晶 LCD(Liquid Crystal Display)显示器、CRT 显示器等。LED、LCD 显示器有两种显示结构：段显示（七段、米字型等）和点阵显示（5×8、8×8 点阵等）。

LED 分为共阴极接法和共阳极接法，如图 2-2 所示。

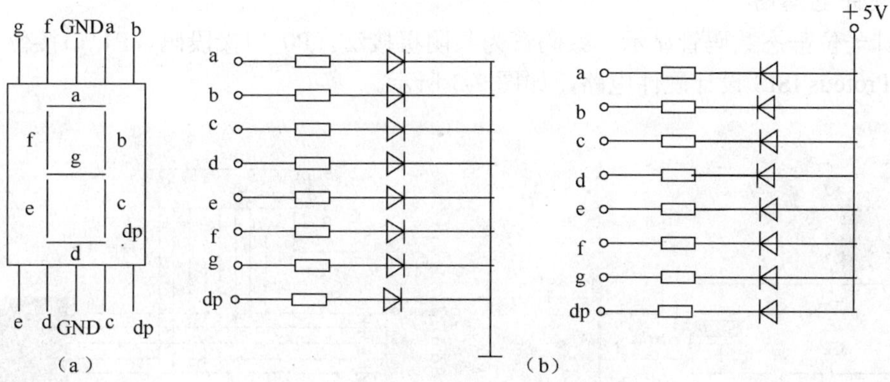

图 2-2 LED 共阴极接法和共阳极接法

使用 LED 显示器时，要注意区分这两种不同的接法。为了显示数字或字符，必须对数字或字符进行编码。七段数码管加上一个小数点，共计 8 段。因此为 LED 显示器提供的编码正好是一个字节。请同学们思考：当采用共阴极接法时，要显示 1，段码应该是多少？

表 2-1 所示为 LED 共阳极接法和共阴极接法字形码。

表 2-1 LED 共阳极接法和共阴极接法字形码

显示字符	共阳极字形码	共阴极字形码
0	0xC0	0x3F
1	0xF9	0x06
2	0xA4	0x5B
3	0xB0	0x4F
4	0x99	0x66
5	0x92	0x6D
6	0x82	0x7D
7	0xF8	0x07
8	0x80	0x7F
9	0x90	0x6F
A	0x88	0x77
B	0x83	0x7C
C	0xC6	0x39
D	0xA1	0x5E
E	0x86	0x79
F	0x8E	0x71
熄灭	0xFF	0x00

LED 显示器工作方式有两种：静态显示方式和动态显示方式。静态显示的特点是每个数码管的段选必须接一个 8 位数据线来保持显示的字形码。当送入一次字形码后，显示字形可一直保持，直到送入新字形码为止。这种方法的优点是占用 CPU 时间少，显示便于监测和控制。缺点是硬件电路比较复杂，成本较高。

动态显示的特点是将所有位数码管的段选线并联在一起，由位选线控制是哪一位数码管有效。选亮数码管采用动态扫描显示。所谓动态扫描显示即轮流向各位数码管送出字形码和相应的位选，利用发光管的余辉和人眼视觉暂留作用，使人的感觉好像各位数码管同时都在显示。动态显示的亮度比静态显示要差一些，所以在选择限流电阻时应略小于静态显示电路。

2.1.3 操作步骤

（1）硬件电路图

先设计一位静态数码管显示。数码管为共阴极接法，P0 口接段码，P1 口接位码。请同学们利用 Proteus ISIS 设计硬件电路，如图 2-3 所示。

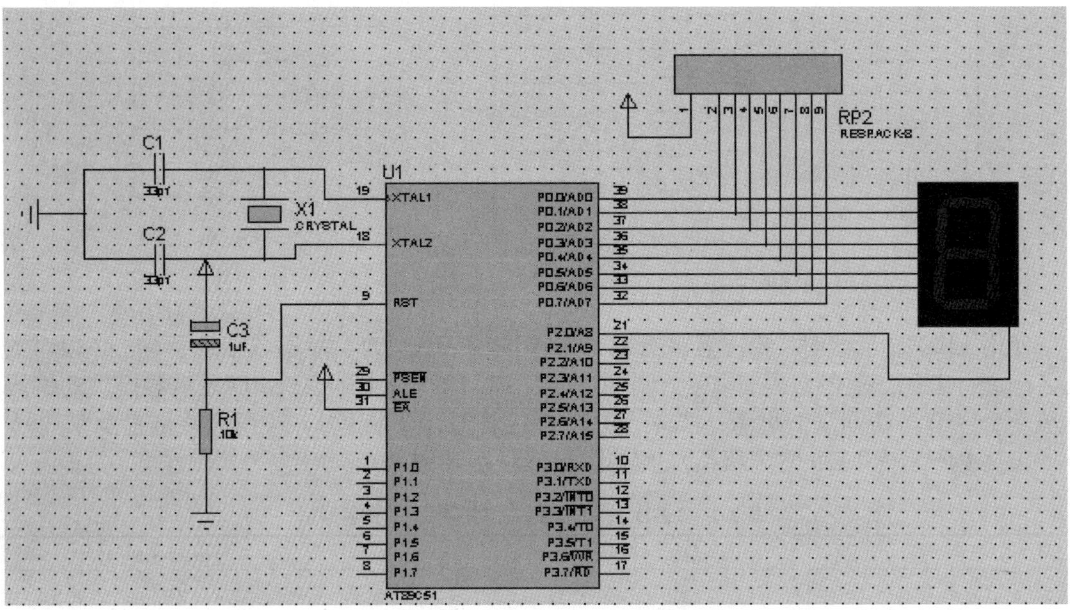

图 2-3　一位 LED 显示硬件电路图

（2）程序框图

要一个数码管显示，首先应该选通位码，然后再给相应的数码管送段码。需要理顺编程思路，绘制程序框图，如图 2-4 所示。

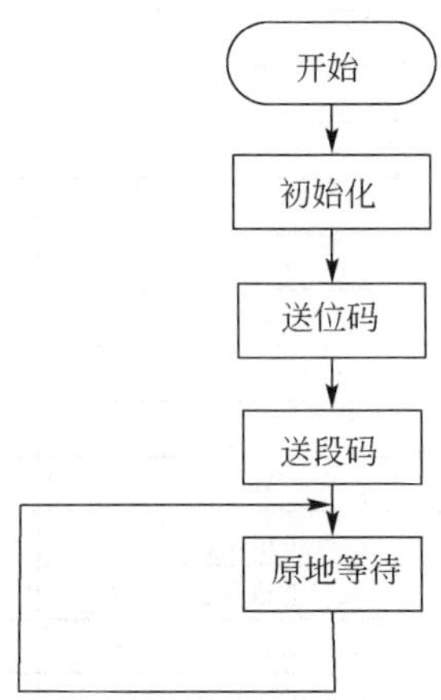

图 2-4　一位 LED 显示程序框图

（3）程序代码

根据自己的思路和程序框图，编写源代码：

```
#include <reg51.h>
sbit P20=P2^0;//未定义的位首先要先定义
main()
{
    P2=0xfe;//送位码
```

```
    P0=0x06;//送段码
    while(1);//原地等待
}
```

2.1.4 讨论学习

2.1.4.1 循环语句

在程序设计中经常会遇到需要重复执行的操作，如延时、累加、累乘、数据传送等，利用循环结构来处理各种重复操作既简单又方便。C51 提供了三种语句完成循环结构，分别是 while 语句、do-while 语句和 for 语句。

（1）while 语句

“当条件为真的时候就执行后面的语句”，它的语法如下：

while (条件表达式)　语句;

使用 while 语句时要注意当条件表达式为真时，它才执行后面的语句，执行完后再次回到 while 执行条件判断，为真时重复执行语句，为假时退出循环体。当条件一开始就为假时，那么 while 后面的循环体（语句或复合语句）将一次都不执行就退出循环。在调试程序时要注意 while 的判断条件不能为假而造成的死循环，调试时适当地在 while 处加入断点，也许会使你的调试工作更加顺利。当然有时会使用到死循环来等待中断或 IO 信号等。例如原程序中

```
while(1)//
{
}//原地等待
```

while（1）表示条件为真，反复执行改空语句，完成原地等待功能。

（2）do while 语句

do while 语句是 while 语句的补充，while 是先判断条件是否成立再执行循环体，而 do while 则是先执行循环体，再根据条件判断是否要退出循环。这样就决定了循环体无论在任何条件下都会至少被执行一次。它的语法如下：

do 语句 while (条件表达式)

（3）for 循环语句

在明确循环次数的情况下，for 语句比以上说的循环语句都要方便简单。它的语法如下：

for ([初值设定表达式];[循环条件表达式];[条件更新表达式])

语句中括号中的表达式是可选的，这样 for 语句的变化就会很多样了。for 语句的执行：先代入初值，再判断条件是否为真，条件满足时执行循环体并更新条件，再判断条件是否为真……直到条件为假时，退出循环。

再来看八盏灯依次点亮程序段：

```
 for(i=0;i<8;i++)
{
     Delay50ms(20);
     P1=_crol_(P1,1);
}//八盏灯依次点亮 1s
```

“i=0;” 为初值设定表达式；“i<8”为循环条件表达式；“i++”为条件更新表达式。当条件为真时，执行延时 1s 子函数，P1 左移一位。执行了 8 次后，退出循环体。

2.1.4.2 用数组构建段码表

若要求显示不同的数值，修改 P1 数值，使它等于不同数值的段码，需要不断地寻找不同数值的段码。若能将不同数字的段码制成一个段码表，需要显示某个数值时，即可通过数组相应元素的调用避免不断寻找段码。例如为了让数码管显示 1，制定完段码表“shumaguan[]”后，只需将 shumaguan[1]赋给 P0，就可以完成此项任务。请同学们完成让数码管显示不同的数值。

```
#include <reg51.h>
#define uchar unsigned char
#define uint unsigned int
uchar code shumaguan[10]={ 0X3F, 0X06,0X5B, 0X4F,0X66, 0X6D, 0X7D, 0X07, 0X7F,
0X6F };//0～9 的段码
sbit P20=P2^0;//未定义的位首先要先定义
main()
{
    P2=0xfe;//送位码
    P0=shumaguan[1];//送段码
     while(1)
     {
     }//原地等待
}
```

（1）数组的定义

例如把一个班级看为一个数组，每一个学生就是数组中的一个数据。 数据中的每个数据都能用唯一的下标来确定其位置，下标可以是一维或多维的。就如在学校的方队中要找一个学生，这个学生在 I 年级 H 班 X 组 Y 号的，那么能把这个学生看作在 I 类型的 H 数组中（X，Y）下标位置中。数组定义的格式如下：

数据类型 [存储器类型] 数组名 [常量表达式] = {常量表达式};

数组要先定义才能使用。数组的长度和维数，必须用“[ ]”括起，括号里的数不能是变量只能是常量。以下按照数组定义格式定义了几个数组。

```
unsigned int xcount [10]; //定义无符号整型数组,有 10 个数据单元
char inputstring [5]; //定义字符型数组，有 5 个数据单元
float outnum [10][10];//定义浮点型数组，有 100 个数据单元
```

在上面介绍的定义方式只适用于定义在内存 DATA 存储器使用的内存，有的时候需要把一些数据表存放在数组中，通常这些数据是不用在程序中改变数值的，这个时候就要把这些数据在程序编写时就赋给数组变量。因为 51 芯片的片内 RAM 很有限，通常会把 RAM 分给参与运算的变量或数组，而那些程序中不变数据则应存放在片内的 CODE 存储区，以节省宝贵的 RAM。

```
uchar code shumaguan[10] ={ 0X3F, 0X06,0X5B, 0X4F,0X66, 0X6D, 0X7D, 0X07, 0X7F,
0X6F }//在 CODE 定义了一个含有 10 个元素的数组，并为它们赋了初值。
```

（2）数组的调用

在 C 语言中数组的下标是从 0 开始的而不是从 1 开始，如一个具有 10 个数据单元的数

组 count，它的下标就是从 count[0]到 count[9]，引用单个元素就是数组名加下标，如 count[1]就是引用 count 数组中的第 2 个元素。程序中"P0=shumaguan[1]"调用了 shuguanguan 这个数组的第二个元素。还有一点要注意的就是在程序中只能逐个引用数组中的元素，不能一次引用整个数组，但是字符型的数组就能一次引用整个数组。

（3）注意事项

初值个数必须小于或等于数组长度，不指定数组长度则会在编译时由实际的初值个数自动设置。

unsigned char LEDNUM[2]={12,35}; //一维数组赋初值

int Key[2][3]={{1,2,4},{2,2,1}}; //二维数组赋初值

unsigned char IOStr[]={3,5,2,5,3}; //没有指定数组长度，编译器自动设置

unsigned char code skydata[]={0x02,0x34,0x22,0x32,0x21,0x12}; //数据保存在 code 区，数据不变。

任务 2-2 LED 点阵显示

学习目标：

- 掌握 LED 大屏幕显示器的硬件电路图及编程思路；
- 能根据设计要求熟练使用 for、while 循环语句和数组完成程序设计；
- 学会延时子函数的构建及调用。

2.2.1 工作任务

设计 LED 大屏幕点阵显示硬件电路，设计程序框图并编写程序，使得在 Proteus 仿真环境下显示"电"。

2.2.2 任务咨询——LED 大屏幕显示器简介

2.2.2.1 8×8 LED 点阵简介

8×8LED 点阵的外观及引脚图如图 2-5 所示，其等效电路如图 2-6 所示，只要各 LED 处于正偏（Y 方向为 1，X 方向为 0）则该 LED 发光。如 Y7（0）=1，X7（H）=0 时，则其对应的右下角的 LED 会发光。各 LED 还需接上限流电阻，实际应用时，限流电阻既可接在 X 轴，也可接在 Y 轴。

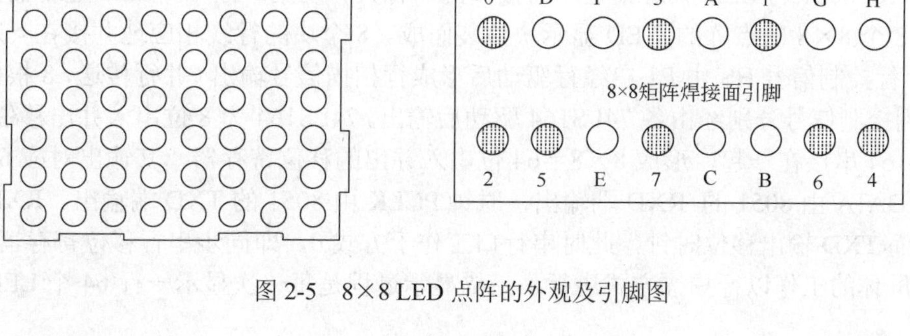

图 2-5 8×8 LED 点阵的外观及引脚图

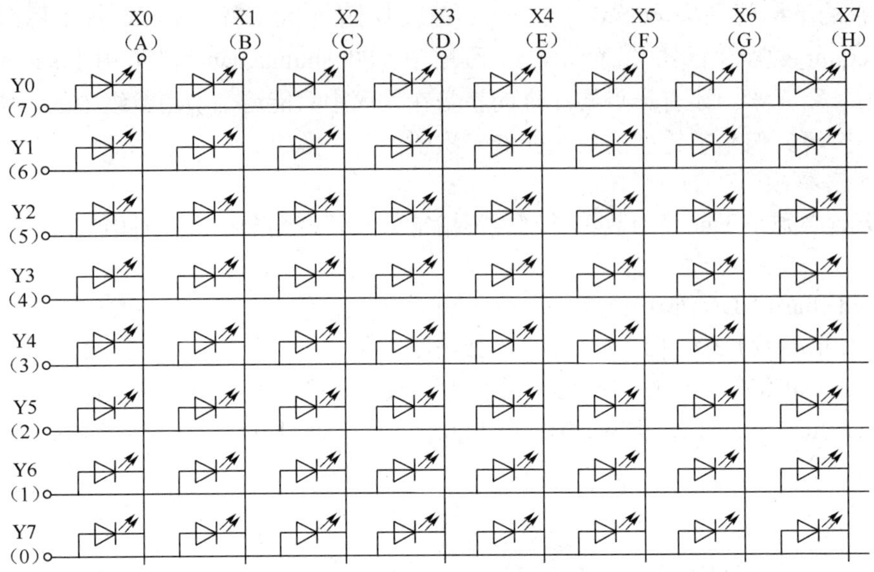

图 2-6　8×8 LED 点阵的等效电路

2.2.2.2　LED 大屏幕显示器接口电路

LED 大屏幕显示器不仅能显示文字，还可以显示图形、图像，而且能产生各种动画效果，是广告宣传、新闻传播的有力工具。LED 大屏幕不仅有单色显示，还有彩色显示，其应用越来越广，已渗透到人们的日常生活之中。

（1）LED 大屏幕的显示方式

LED 大屏幕显示可分为静态显示和动态扫描显示两种。

静态显示每一个像素需要一套驱动电路，如果显示屏为 n×m 个像素，则需要 n×m 套驱动电路；动态扫描显示则采用多路复用技术，如果是 P 路复用，则每 P 个像素需一套驱动电路，n×m 个像素仅需 n×m/P 套驱动电路。对动态扫描显示而言，P 越大驱动电路就越少，成本也就越低，引线也大大减少，更有利于高密度显示屏的制造。在实际使用的 LED 大屏幕显示器中，很少采用静态驱动。

（2）8051 与 LED 大屏幕显示器的接口

实际应用中，由于显示屏体与计算机及控制器有一定距离，所以应尽量减少两者之间控制信号线的数量。信号一般采用串行移动传送方式，由计算机控制器送出的信号只有 5 个，即时钟 PCLK，显示数据 DATA，行控制信号 HS（串行传送时，仅需一根信号线），场控制信号 VS（串行传送时，仅需一根信号线）以及地线。

图 2-7 是 8051 与 LED 大屏幕显示器接口的一种具体应用。图中，LED 显示器为 8×64 点阵，由 8 个 8×8 的点阵的 LED 显示块拼装而成。8 个块的行线相应地并接在一起，形成 8 路复用，行控制信号 HS 由 P1 口经行驱动后形成行扫描信号输出（并行传送，8 根信号线）。8 个块的列控制信号分别经由各 74LS164 驱动后输出。74LS164 为 8 位串入并出移位寄存器，8 个 74LS164 串接在一起，形成 8×8=64 位串入并出的移位寄存器，其输出对应 64 点列。显示数据 DATA 由 8051 的 RXD 端输出，时钟 PCLK 由 8051 的 TXD 端输出。RXD 发送串行数据，而 TXD 输出移位时钟，此时串行口工作于方式 0，即同步串行移位寄存器状态。

显示屏体的工作以行扫描方式进行，扫描显示过程是每一次显示一行 64 个 LED 点，显示时间称为行周期，8 行扫描显示完成后开始新一轮扫描，这段时间称为场周期。

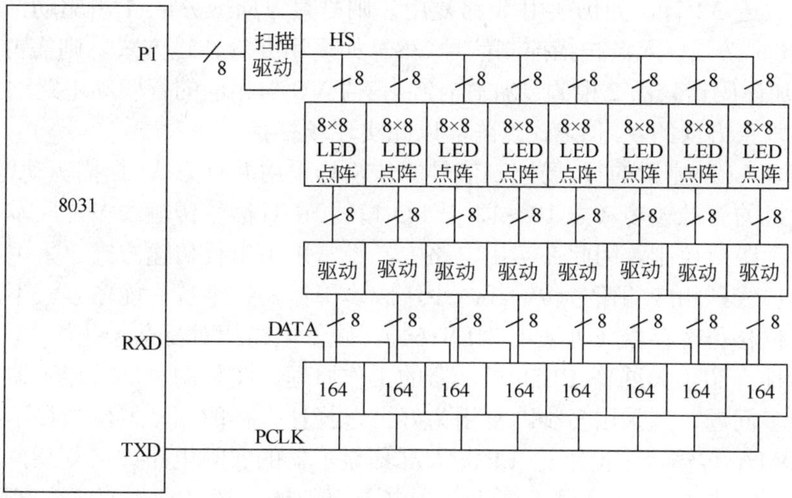

图 2-7　8051 与 LED 大屏幕显示器的接口

3 路信号都为同步传送信号，显示数据 DATA 与时钟 PCLK 配合传送某一行（64 个点）的显示信息，在一行周期内有 64 个 PCLK 脉冲信号，它将一行的显示信息串行移入 8 个串入并出移位寄存器 74LS164 中，在行结束时，由行信号 HS 控制存入对应锁存电路并开始新一行显示，直到下一行显示数据开始锁入为止，由此实现行扫描。

因图 2-7 所示 LED 显示屏只有 8 行，无需采用场扫描控制信号 VS，且行、场扫描的控制可通过单片机对 P1 口编程实现。图中的锁存与驱动电路可采用 74LS273、74LS373、74LS374 等集成电路。

（3）LED 大屏幕显示的编程要点

由上述内容可知，LED 大屏幕显示一般都采用动态显示，要实现稳定显示，需遵循动态扫描的规律，现将编程要点叙述如下。

① 从串行口输出 8 字节共 64bit 的数据到 74LS164 中，形成 64 列的列驱动信号。

② 从 P1 口输出相应的行扫描信号，与列信号在一起，点亮行中有关的点。

③ 延时 1～2ms。此时间受 50Hz 闪烁频率的限制，不能太大，应保证扫描所有 8 行（即一帧数据）所用时间之和在 20ms 以内。

④ 从串行口输出下一组数据，从 P1 口输出下一行扫描信号并延时 1～2ms，完成下一行的显示。

⑤ 重复上述操作，直到所有 8 行全扫描显示一次，即完成一帧数据的显示。

⑥ 重新扫描显示的第一行，开始下一帧数据的扫描显示工作，如此不断地循环，即可完成相应的画面显示。

⑦ 要更新画面时，只需将新画面的点阵数据输入到显示缓冲区中即可。

⑧ 通过控制画面的显示，可以形成多种显示方式，如左平移、右平移、开幕式、合幕式、上移、下移及动画等。

（4）LED 大屏幕显示的扩展

如将图 2-7 显示屏扩展为 320×32 点阵的显示屏，则水平方向应有 40 个 8×8LED 点阵，垂直方向应有 4 个 8×8LED 点阵，整个显示屏由 40×4=160 个 8×8LED 点阵组成。由于一行的 LED 点数太多，可将行驱动分成 5 组驱动，每一组驱动 8×8＝64 个 LED 点。由于每一场对应的行数达 32 行，如仍采用 8 路复用，则垂直方向应分成 4 组驱动，每一组驱动 8 行 LED 点。此时必须引入场扫描控制信号 VS，如采用并行传送方式，则需占用单片机的 4 根 I/O 口线（加译码器只需 2 根），场扫描控制信号 VS 与相应的行驱动电路配合，使行扫描信号分时送入垂直方向的 4 组 LED 点阵，以此实现场扫描。

上述大屏幕 LED 显示的行、场控制信号的传输均采用并行方式，扫描驱动电路相对简单，但其占用单片机的资源较多（需 10～12 根 I/O 口线），且信号传输线多，成本高，抗干扰性能差，不适合远距离控制。因此在实用电路中，经常采用串行传输方式。采用串行传输只需占用 2 根 I/O 口线，相应的信号传输线减少，成本降低，抗干扰性能增强。不足之处是扫描驱动需增加 8 位移位寄存器（可采用 74LS164），硬件电路相对复杂一些。

以上简要地介绍了大屏幕 LED 显示器的工作原理，实际的大屏幕显示器比这要复杂得多，要考虑很多问题，如采用多少路复用为好、选择什么样的驱动器，当显示像素很多时，是否要采用 DMA 传输等。但不论 LED 大屏幕显示器的实际电路如何复杂，其显示原理是相同的，即用动态扫描显示。限于篇幅，本书不再叙述，读者如有兴趣，可参阅有关参考资料。

2.2.3 操作步骤

（1）硬件电路（见图 2-8）

P0 口接列，P2 口接行，完成硬件电路图设计。

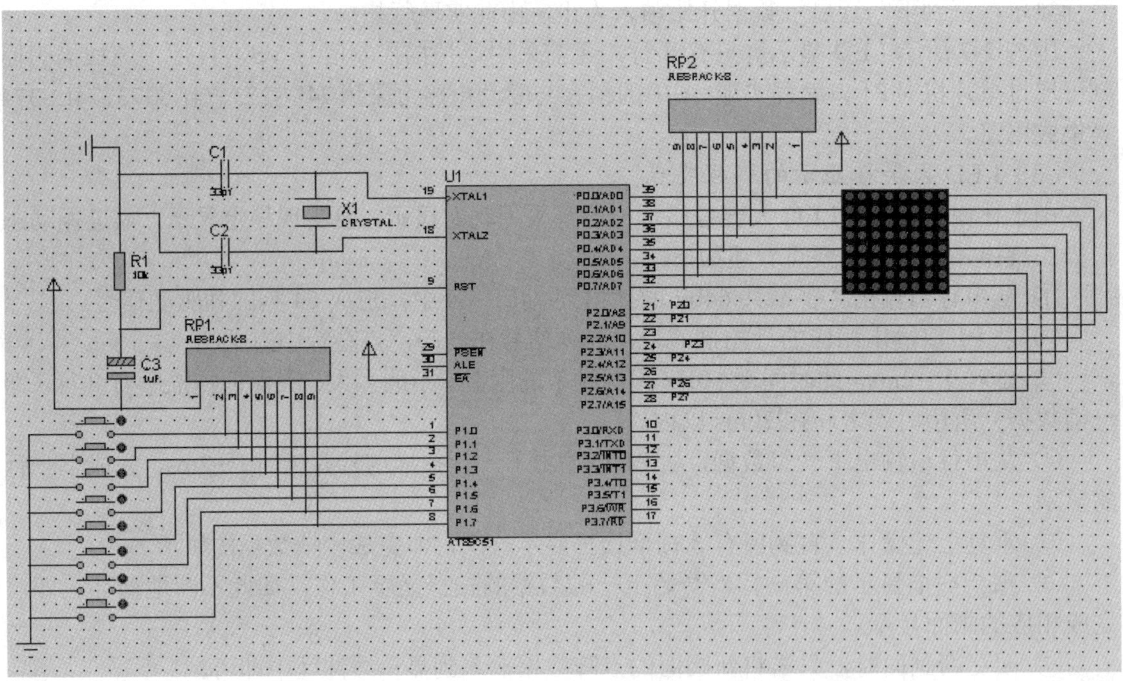

图 2-8　硬件电路图

（2）程序框图（见图 2-9）

P0 口接列，P2 口接行。为了显示某一行，例如第一行，则 P2.0＝1，对应图上“电”的最上面，P0=11101111。延时显示完一段时间，例如 1ms，再选下一行。P2=0x02，此时

P0＝0x01。循环 8 次，直到一轮循环结束，显示一个完整的“电”字。请同学们完成查表内容。

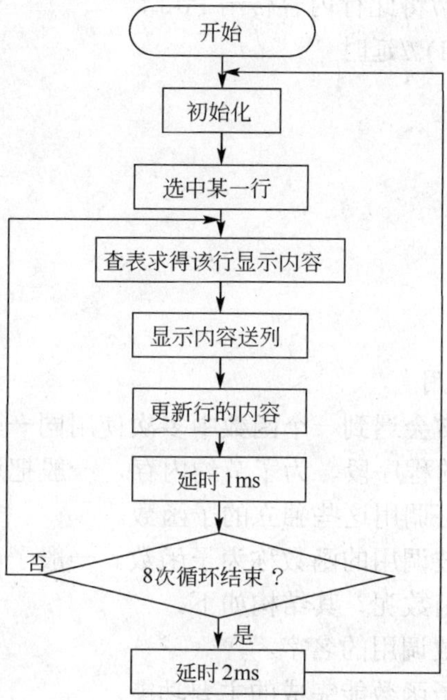

图 2-9　程序框图

（3）程序代码

```
#include <reg51.h> //包括一个 51 标准内核的头文件
#include <intrins.h>
#define uchar unsigned char
#define uint unsigned int
uchar code ledp[ ]={0xef,0x01,0x6d,0x01,0x6d,0x01,0xee,0xe0};//电
//uchar code ledp[ ]={0xdf,0x81,0x7f,0x83,0x83,0xfb,0xfa,0xfd};//气
Delay1ms(uint z)//带有形参的延时子函数
{
    uchar x,y;
    for(x=z;x>0;x--)
        for(y=110;y>0;y--);
}
void main(void) // 主程序
{
    uchar   t;//初始化   定义
    P2=0x80;//给行赋初值
    while(1)
    {
        t=0;
        while(t<8)
```

```
    {
            P2=_crol_(P2,1);//更新行
            P0=ledp[t];//将此行内容传给 P0 口
            Delay1ms(1);//延时
        t++;
    }
    Delay1ms(2);
   }
  }
```

2.2.4 讨论学习

（1）子函数的编写及调用

在解决实际问题时，经常会遇到一个函数中多次使用同一个程序段，例如延时程序、算术运算程序等功能相对独立的程序段。为了节约内存，一般把这种具有一定功能的独立程序段编成子函数，当需要时，可调用这些独立的子函数。

调用函数称为主函数，被调用的函数称为子函数。一般子函数只需书写一次，主函数可以反复调用它。如何编写子函数呢？其结构如下。

子函数名：提供给主函数调用的名字。

子函数功能：简要说明子函数能完成的主要功能。

入口参数：主函数需要向子函数提供的参数。

出口参数：子函数执行完之后向主函数返回的参数。通过 return 关键字返回出口参数。

这些说明是写给程序员看的，供以后使用子函数时参考。

```
/********************************
函数名称：Delay1ms(uchar x)
函数功能：延时 1ms
函数作者：张晓芳
创建时间：2011-2-20
*********************************/
Delay50ms(uchar  x)//x 为形参，主函数在调用子函数时需要向子函数提供实参作为入口参数
{
    uchar y,z;
    for(;x>0;x--)
        for(y=200;y>0;y--)
         for(z=250;z>0;z--);
}//无返回值
```

后续主函数涉及到调用 Delay50ms(uchar x)等子函数时，只写出主函数，子函数不再详细列出，请根据附录录入子函数。

（2）循环

本项目中八次循环采用如下段码完成：

```
    while(t<8)
```

```
{
        P2=_crol_(P2,1);//更新行
        P0=ledp[t];//将此行内容传给 P0 口
        Delay1ms(1);//延时
    t++;
}
```

请思考能否用其他方法完成。

任务 2-3　球赛记分牌设计

学习目标：

- 掌握数码管动态显示的硬件电路图和编程思路；
- 掌握独立式按键控制的硬件电路图；
- 能用带有返回值的函数编写独立式按键子程序。

2.3.1　工作任务

根据比赛规则双方分别用两个数码管显示得分，之间显示"："。同时可现场统计分数，某队胜出，通过按键为某队加分。按复位键数码管清 0。将实际问题转化为单片机 C 语言为：通过 6 位数码管动态显示 00：00；某队胜出，按键一次，对应的数码管数值加 1；复位键按下，数码管全部清 0。

2.3.2　任务咨询

2.3.2.1　多位数码管动态显示

数码管显示分为动态显示和静态显示。动态显示的特点是将所有位数码管的段选线并联在一起，由位选线控制是哪一位数码管有效。选亮数码管采用动态扫描显示。所谓动态扫描显示即轮流向各位数码管送出字形码和相应的位选，利用发光管的余辉和人眼视觉暂留作用，使人的感觉好像各位数码管同时都在显示。动态显示的亮度比静态显示要差一些，所以在选择限流电阻时应略小于静态显示电路中的。动态显示占用硬件电路简单，但需要不断扫描，软件占用 CPU 时间多。

2.3.2.2　独立式按键

（1）按键的分类

按键按照结构原理可分为两类，一类是触点式开关按键，如机械式开关、导电橡胶式开关等；另一类是无触点开关按键，如电气式按键，磁感应按键等。前者造价低，后者寿命长。目前，微机系统中最常见的是触点式开关按键。

按键按照接口原理可分为编码键盘与非编码键盘两类，这两类键盘的主要区别是识别键符及给出相应键码的方法。编码键盘主要是用硬件来实现对键的识别，非编码键盘主要是由软件来实现键盘的定义与识别。

全编码键盘能够由硬件逻辑自动提供与键对应的编码，此外，一般还具有去抖动和多键、窜键保护电路，这种键盘使用方便，但需要较多的硬件，价格较贵，一般的单片机应用系统较少采用。非编码键盘只简单地提供行和列的矩阵，其他工作均由软件完成。由于其经济实用，较多地应用于单片机系统中。下面将重点介绍非编码键盘接口。

（2）键输入原理

在单片机应用系统中，除了复位按键有专门的复位电路及专一的复位功能外，其他按键都是以开关状态来设置控制功能或输入数据。当所设置的功能键或数字键按下时，计算机应用系统应完成该按键所设定的功能，键信息输入是与软件结构密切相关的过程。

对于一组键或一个键盘，总有一个接口电路与 CPU 相连。CPU 可以采用查询或中断方式了解有无将键输入并检查是哪一个键按下，将该键号送入累加器 ACC，然后通过跳转指令转入执行该键的功能程序，执行完后再返回主程序。

（3）按键结构与特点

微机键盘通常使用机械触点式按键开关，其主要功能是把机械上的通断转换成为电气上的逻辑关系。也就是说，它能提供标准的 TTL 逻辑电平，以便与通用数字系统的逻辑电平相容。

机械式按键再按下或释放时，由于机械弹性作用的影响，通常伴随有一定时间的触点机械抖动，然后其触点才稳定下来。其抖动过程如图 2-10 所示，抖动时间的长短与开关的机械特性有关，一般为 5～10ms。

在触点抖动期间检测按键的通与断状态，可能导致判断出错。即按键一次按下或释放被错误地认为是多次操作，这种情况是不允许出现的。为了克服按键触点机械抖动所致的检测误判，必须采取去抖动措施，可从硬件、软件两方面予以考虑。在键数较少时，可采用硬件去抖，而当键数较多时，采用软件去抖。

在硬件上可采用在键输出端加 R-S 触发器(双稳态触发器)或单稳态触发器构成去抖动电路，图 2-11 是一种由 R-S 触发器构成的去抖动电路，当触发器一旦翻转，触点抖动不会对其产生任何影响。

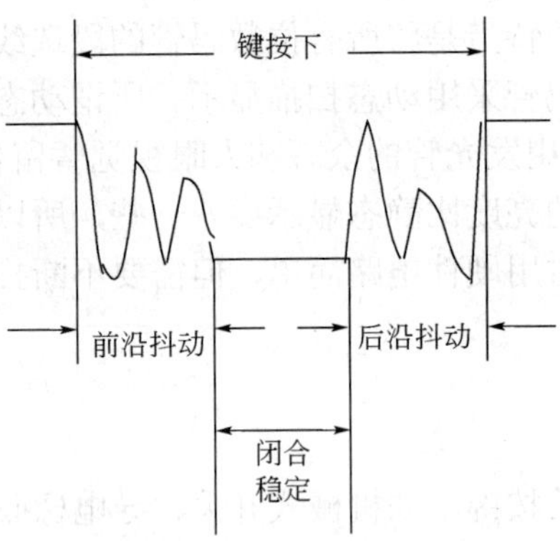

图 2-10　按键触点的机械抖动

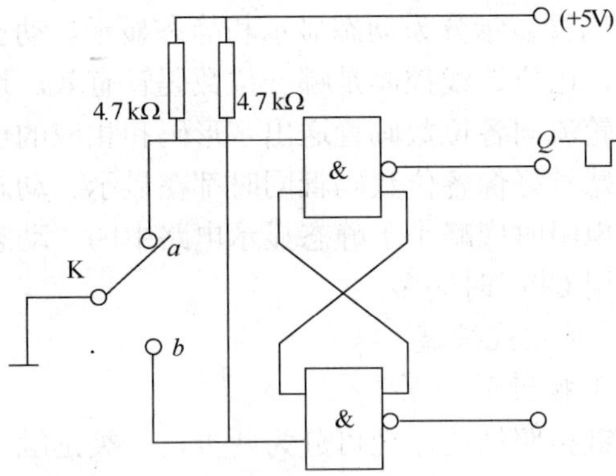

图 2-11　双稳态去抖电路

电路工作过程如下：按键未按下时，a=0，b=1，输出 Q=1，按键按下时，因按键的机械弹性作用的影响，使按键产生抖动，当开关没有稳定到达 b 端时，因与非门 2 输出为 0 反馈到与非门 1 的输入端，封锁了与非门 1，双稳态电路的状态不会改变，输出保持为 1，输出 Q 不会产生抖动的波形。当开关稳定到达 b 端时，因 a = 1，b = 0，使 Q = 0，双稳态电路状态发生翻转。当释放按键时，在开关未稳定到达 a 端时，因 Q = 0，封锁了与非门 2，双稳态电路的状态不变，输出 Q 保持不变，消除了后沿的抖动波形。当开关稳定到达 b 端时，因 a = 0，b = 0，使 Q = 1，双稳态电路状态发生翻转，输出 Q 重新返回原状态。由此可见，键盘输出经双稳态电路之后，输出已变为规范的矩形方波。

软件上采取的措施是：在检测到有按键按下时，执行一个 10ms 左右（具体时间应视所使用的按键进行调整）的延时程序后，再确认该键电平是否仍保持闭合状态电平，若仍保持闭合状态电平，则确认该键处于闭合状态；同理，在检测到该键释放后，也应采用相同的步骤进行确认，从而可消除抖动的影响。

（4）按键编码

一组按键或键盘都要通过 I/O 口线查询按键的开关状态。根据键盘结构的不同，采用不同的编码。无论有无编码，以及采用什么编码，最后都要转换成为与累加器中数值相对应的键值，以实现按键功能程序的跳转。

（5）编制键盘程序

一个完善的键盘控制程序应具备以下功能。

① 检测有无按键按下，并采取硬件或软件措施，消除键盘按键机械触点抖动的影响。

② 有可靠的逻辑处理办法。每次只处理一个按键，其间对任何按键的操作对系统不产生影响，且无论一次按键时间有多长，系统仅执行一次按键功能程序。

③ 准确输出按键值（或键号），以满足跳转指令要求。

（6）独立式按键

单片机控制系统中，往往只需要几个功能键，此时，可采用独立式按键结构。

① 硬件电路结构　独立式按键是直接用 I/O 口线构成的单个按键电路，其特点是每个按键单独占用一根 I/O 口线，每个按键的工作不会影响其他 I/O 口线的状态。独立式按键的典型应用如图 2-12 所示。

② 软件　独立式按键电路配置灵活，软件结构简单，但每个按键必须占用一根 I/O 口线，因此，在按键较多时，I/O 口线浪费较大，不宜采用。

图 2-12 中按键输入均采用低电平有效，此外，上拉电阻保证了按键断开时，I/O 口线有确定的高电平。当 I/O 口线内部有上拉电阻时，外电路可不接上拉电阻。

独立式按键软件常采用查询式结构。先逐位查询每根 I/O 口线的输入状态，如某一根 I/O 口线输入为低电平，则可确认该 I/O 口线所对应的按键已按下，然后，再转向该键的功能处理程序。图 2-12 中的 I/O 口采用 P1 口，请读者自行编制相应的软件。

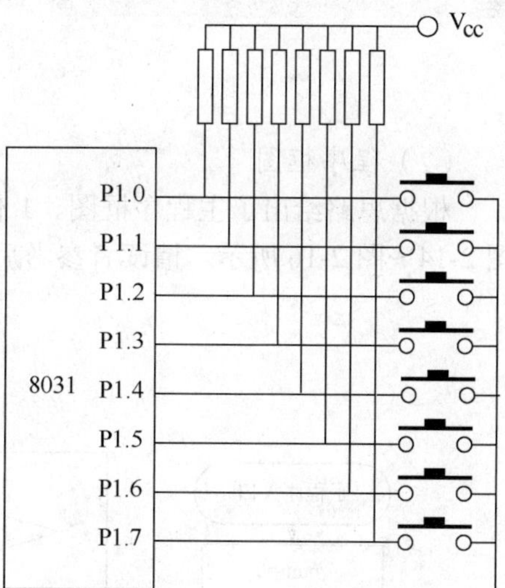

图 2-12　独立式按键电路

2.3.3　操作步骤

（1）硬件电路

由图 2-13 可知，6 位数码管的段选线相应并联在一起，由 P0 口控制。各位的位选线由 P2 口控制（P2.0～P2.5）。各数码管分别轮流选通，即在某一时刻选通一位数码管，送出相应的段码，在另一时刻选通另一数码管，送相应的段码，虽然是轮流扫描，但由于人眼存在视觉暂留效应，只要每位显示间隔足够短就可以给人以同时显示的感觉。按键连接于 P1 口。

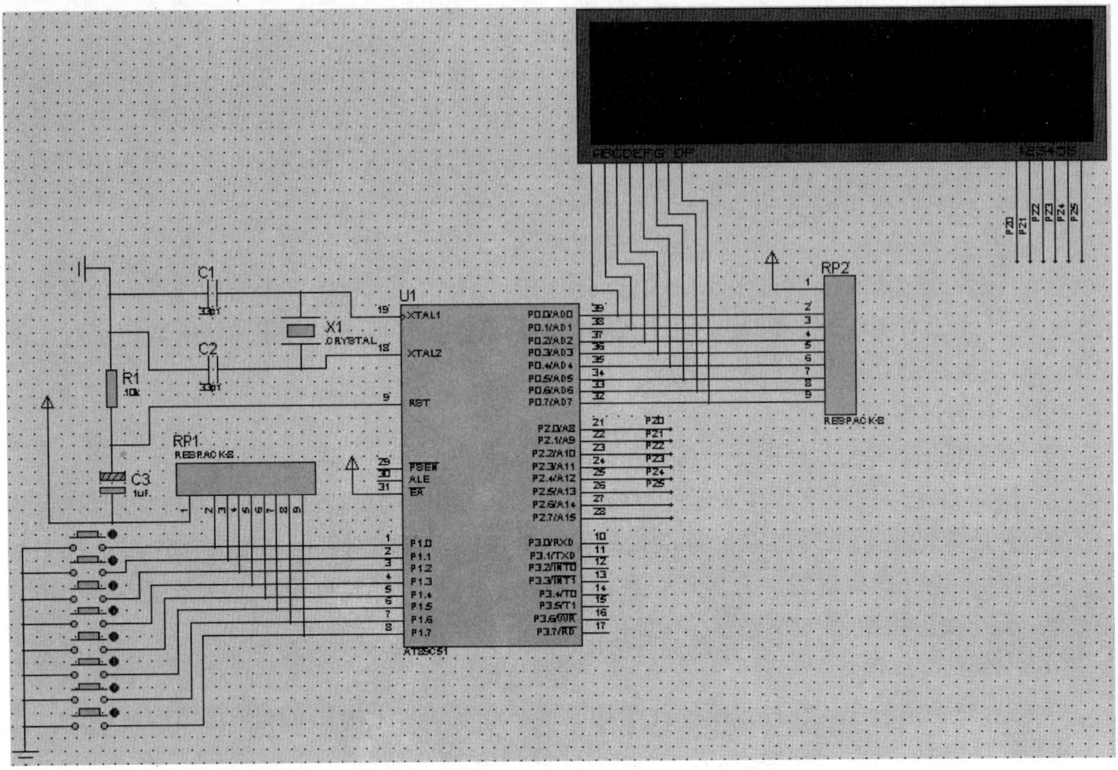

图 2-13　硬件电路

（2）程序框图

根据思路给出了主程序框图、1 位按键子函数框图和 2 位数码管动态显示程序框图，如图 2-14～图 2-16 所示。请读者参考后完成 3 位按键和 6 位数码管显示子程序框图设计。

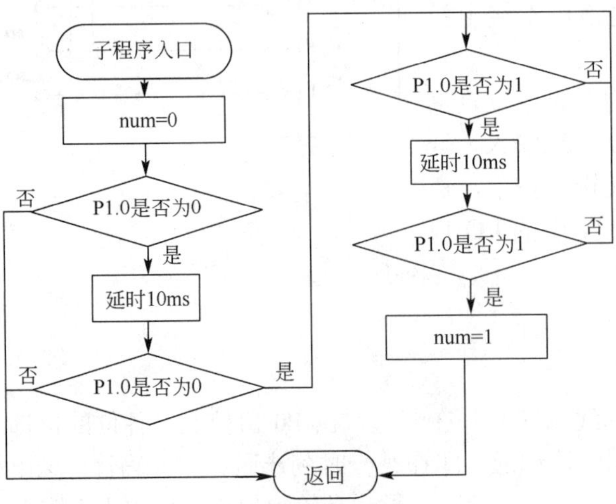

图 2-14　1 位按键子函数框图

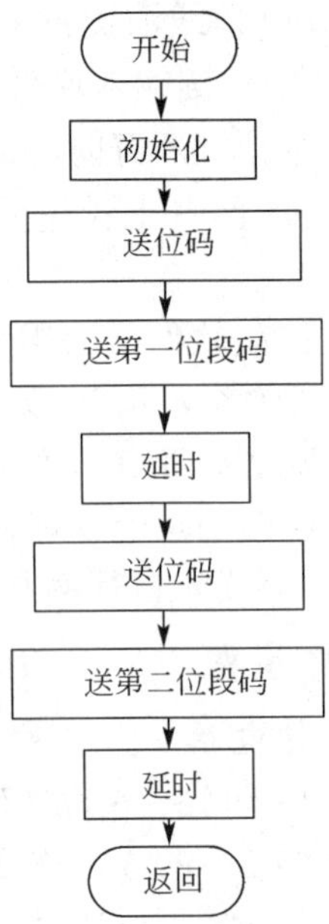

图 2-15　2 位数码管动态显示程序框图

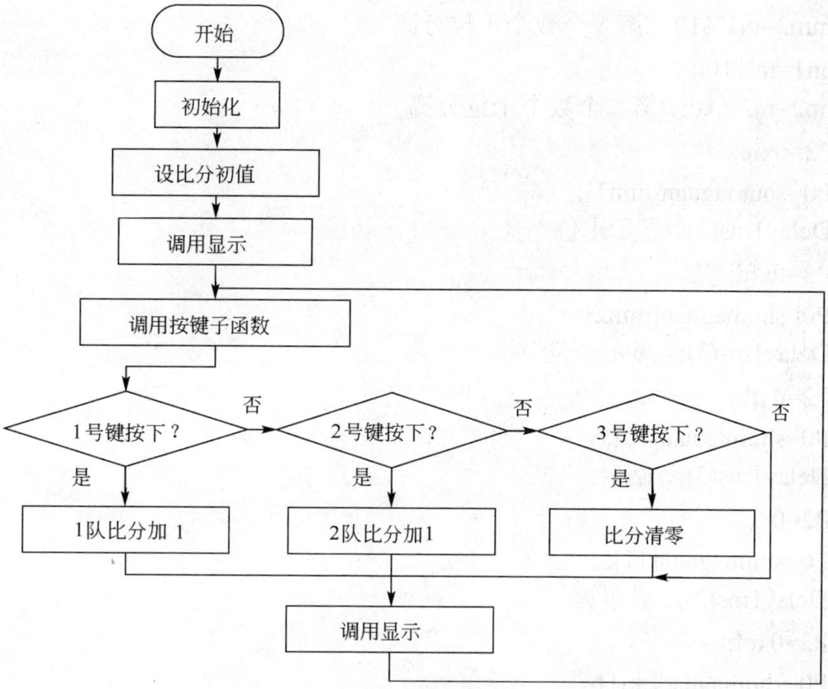

图 2-16　主程序框图

（3）程序代码

根据程序框图，完成程序代码设计。

```
#include<reg51.h>
#include<stdio.h>
#include<intrins.h>
#define uchar unsigned char
#define uint unsigned int
uchar code shumaguan[12]={0X3F, 0X06,0X5B, 0X4F,0X66, 0X6D, 0X7D, 0X07, 0X7F,
0X6F,0X48,0X00};//预定的写入 P0 的值
sbit P20=P2^0;
sbit P10=P1^0;
sbit P11=P1^1;
sbit P12=P1^2;

Delay1ms(unsigned char x)
{
}

void xians6(uchar m1,m2)
{
        uchar mm1,mm2,nn1,nn2;
        mm1=m1/10;
```

```
        mm2=m1%10; //第一个数个十位分离
        nn1=m2/10;
        nn2=m2%10; //第二个数个十位分离
        P2=0xfe;
        P0=shumaguan[mm1];
        Delay1ms(3);//显示十位
        P2=0xfd;
        P0=shumaguan[mm2];
        Delay1ms(3); //显示个位
        P2=0xfb;
        P0=shumaguan[10];
        Delay1ms(3); //显示:
        P2=0xf7;
        P0=shumaguan[11];
        Delay1ms(3); //显示灭
        P2=0xef;
        P0=shumaguan[nn1];
        Delay1ms(3); //显示十位
        P2=0xdf;
        P0=shumaguan[nn2];
        Delay1ms(3); //显示个位
}

uchar anjian3()
{
    uchar k1;
    k1=0;
    if(P10==0)//判断键是否按下
    {
        Delay1ms(5);//延时消抖
        if(P10==0)
        {
            k1=1;//键按下，k1 为 1
            while(P10==0);
            Delay1ms(5);
            while(P10==0);//松手去抖
        }
    }

    if(P11==0)
    {
```

```
            Delay1ms(5);
            if(P11==0)
            {
                k1=2;
                while(P11==0);
                Delay1ms(5);
                while(P11==0);
            }
        }

            if(P12==0)
        {
            Delay1ms(5);
            if(P12==0)
            {
                k1=3;
                while(P12==0);
                Delay1ms(5);
                while(P12==0);
            }
        }

     return    k1;
}

void main()
{
     uchar kk,tt1,tt2;
     tt1=38;
     tt2=56;
    xians6(tt1,tt2);

    while(1)
    {
       kk=anjian3();
       if(kk==1)
       {
            tt1++;

       }
       if(kk==2)
```

```
        {
            tt2++;

        }
        if(kk==3)
        {
            tt1=0;tt2=0;

        }
            xians6(tt1,tt2);
    }
}
```

2.3.4 讨论学习

（1）子函数

上个任务中学习了子函数，本任务中再讨论下具有形参和具有返回值的子函数的应用。

```
uchar anjian3（）
{
    ……
return   jj;//返回值
}
```

为带有返回值的子函数，在主程序中通过 kk=anjian3();将子函数中的返回值 k1 返回给了主函数。

```
void   xians6(uchar   m1,m2)
{

}
```

为带有形参的子函数，主程序中通过 xians6(m1,m2)调用子函数；tt1、tt2 作为实参传给形参 m1、m2，m1、m2 在子函数进行计算。

（2）分支语句

在按键子函数中通过 if(P10==0)分支语句判断 P10 是否为 0，进行相关操作。C51 语言的流程控制语句主要用于编写具有分支结构或循环结构的程序。分支语句主要有 if、if-else、if-else-if、switch 语句。

① if(条件表达式) 语句

当条件表达式的结果为真时，就执行语句，不然就跳过。

如 if (a==b) a++; 当 a 等于 b 时，a 就加 1

② if (条件表达式) 语句 1

else 语句 2

当条件表达式成立时，就执行语句 1，不然就执行语句 2。

如 if(a==b)

    a++;

```
else
a--;
```

当 a 等于 b 时，a 加 1，不然 a–1。

③ if(条件表达式 1)语句 1

else if(条件表达式 2)语句 2

else if(条件表达式 3)语句 3

else if(条件表达式 m)语句 n else 语句 m

这是由 if else 语句组成的嵌套，用来实现多方向条件分支，使用应注意 if 和 else 的配对使用，要是少了一个就会语法出错，记住 else 总是与最临近的 if 相配对。一般条件语句只会用作单一条件或少数量的分支，如果多数量的分支时则更多地会用到下一篇中的开关语句。如果使用条件语句来编写超过 3 个以上的分支程序的话，会使程序变得不是那么清晰易读。

用多个条件语句能实现多方向条件分支，但是能发现使用过多的条件语句实现多方向分支会使条件语句嵌套过多，程序冗长，这样读起来也很不好读。这个时候使用开关语句同样能达到处理多分支选择的目的，又能使程序结构清晰。它的语法如下：

```
switch (表达式)
{
    case 常量表达式 1: 语句 1; break;
    case 常量表达式 2: 语句 2; break;
    case 常量表达式 3: 语句 3; break;
    case 常量表达式 n: 语句 n; break;
    default:语句
}
```

运行中 switch 后面的表达式的值将会作为条件，与 case 后面的各个常量表达式的值相对比，如果相等时则执行 case 后面的语句，再执行 break(间断语句)语句，跳出 switch 语句。如果 case 后没有和条件相等的值时就执行 default 后的语句。当要求没有符合的条件时不作任何处理，则能不写 default 语句。

（3）请读者编写多个按键子程序和多个数码管动态显示子程序

项目小结

与单片机接口的常用显示器件分为 LED 和 LCD 两大类，本项目重点学习了 MCS-51 单片机与 LED8 段码显示，包括单位 LED 静态显示、多位动态显示、LED8×8 点阵显示等的硬件电路和编程原理。除此之外，还学习了独立式按键的工作原理和编程思路。进一步熟悉了 C51 子程序的编写和调用、循环程序结构和分支程序结构等流程控制和数组在单片机中的应用。

项目3 防盗数字密码锁设计

项目背景：在日常的生活和工作中，住宅与部门的安全防范、单位的文件档案、财务报表以及一些个人资料的保存多以加锁的办法来解决。若使用传统的机械式钥匙开锁，人们常需携带多把钥匙，使用极不方便，且钥匙丢失后安全性即大打折扣。为了增加安全性，用密码代替钥匙的密码锁应运而生。密码锁具有安全性高、成本低、功耗低、易操作等优点。在安全技术防范领域，具有防盗报警功能的电子密码锁逐渐代替传统的机械式密码锁，克服了机械式密码锁密码量少、安全性能差的缺点，使密码锁无论在技术上还是在性能上都获得了大大的提高。随着大规模集成电路技术的发展，特别是单片机的问世，出现了带微处理器的智能密码锁，它除具有电子密码锁的功能外，还引入了智能化管理、专家分析系统等功能，从而使密码锁具有很高的安全性、可靠性，应用日益广泛。随着人们对安全的重视和科技的发展，许多电子智能锁（指纹识别、IC卡辨认）已在国内外相继面世。但是这些产品的特点是针对特定的指纹和有效卡，只能适用于保密要求的箱、柜、门等，而且指纹识别器若在公共场所使用存在容易机械损坏，IC卡还存在容易丢失、损坏等缺点，再加上其成本较高，一定程度上限制了这类产品的普及和推广。鉴于目前的技术水平与市场的接受程度，电子密码锁是这类电子防盗产品的主流。

客户要求：根据设定好的密码，采用4×4键盘实现密码的输入功能，当密码输入正确之后，锁就打开，如果输入的密码不正确，锁不开，同时显示出错信息。

项目分析：根据以上要求，可设定8位初始密码，密码的输入采用4×4键盘实现，按回车键结束。需要开锁时，先输入8位新密码并通过LCD显示，当输入密码和设定密码不一致时，提示用户密码输入不正确，LED灯不亮模拟此锁不开的过程；当密码一致时，LCD显示密码输入一致，LED灯亮模拟锁开。将任务分为三个阶段：① LCD液晶显示；② 在LCD显示相应的矩阵式按键值；③ 实现整体设计效果。

单片机硬件电路部分在仿真软件Proteus ISIS下设计，实现效果如图3-1所示。

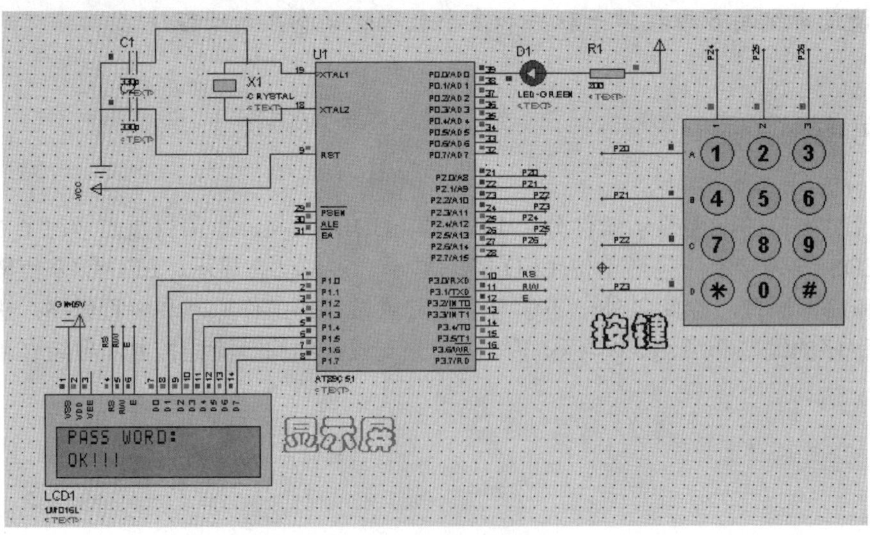

图3-1 实现效果图

任务 3-1 LCD 液晶显示

学习目标：

- 熟悉液晶显示工作原理；
- 能用 C 语言指针完成 LCD 初始化函数的编写及调用；
- 掌握 C 语言在单片机仿真系统中的简单应用。

3.1.1 工作任务

设计 LCD 液晶显示控制电路、设计程序框图，并用 C51 完成程序编写，使 LCD 第一行显示：Password:　　1。

3.1.2 任务咨询

3.1.2.1 LCD 硬件电路及工作原理

1602LCD 为显示两行的液晶显示模块。包括：8 根数据线、RS、E、R/W、VSS、VDD、VEE（见图 3-2）。单片机对字符型 1602LCD 显示模块的操作是通过软件实现的，单片机每一次访问都要先对忙标志进行识别，不忙时才能进行下一次操作。

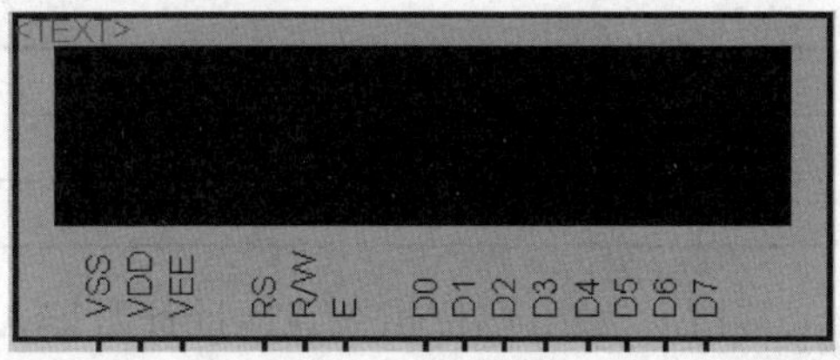

图 3-2　LCD 引脚图

RS 为寄存器选择信号，RS=1，选择数据寄存器，RS=0，选择指令寄存器；R/W 为读/写选择，R/W=1，送 LCD 信号至单片机，R/W=0，送单片机信号至 LCD；E 为使能，E=1 允许对 LCD 进行读写操作；E=0 禁止对 LCD 进行读写操作。

以下将对 LCD 引脚作详细说明。1602LCD 采用标准的 14 脚（无背光）或 16 脚（带背光）接口，各引脚接口说明如表 3-1 所示：

表 3-1　引脚接口说明

编　号	符　号	引 脚 说 明	编　号	符　号	引 脚 说 明
1	VSS	电源地	9	D2	数据
2	VDD	电源正极	10	D3	数据
3	VL	液晶显示偏压	11	D4	数据
4	RS	数据/命令选择	12	D5	数据
5	R/W	读/写选择	13	D6	数据
6	E	使能信号	14	D7	数据
7	D0	数据	15	BLA	背光源正极
8	D1	数据	16	BLK	背光源负极

第 1 脚：VSS 为地电源。

第 2 脚：VDD 接 5V 正电源。

第 3 脚：VL 为液晶显示器对比度调整端，接正电源时对比度最弱，接地时对比度最高，对比度过高时会产生“鬼影”，使用时可以通过一个 10kΩ的电位器调整对比度。

第 4 脚：RS 为寄存器选择，高电平时选择数据寄存器、低电平时选择指令寄存器。

第 5 脚：R/W 为读写信号线，高电平时进行读操作，低电平时进行写操作。当 RS 和 R/W

共同为低电平时可以写入指令或者显示地址，当 RS 为低电平、R/W 为高电平时可以读忙信号，当 RS 为高电平，R/W 为低电平时可以写入数据。

第 6 脚：E 端为使能端，当 E 端由高电平跳变成低电平时，液晶模块执行命令。

第 7～14 脚：D0～D7 为 8 位双向数据线。

第 15 脚：背光源正极。

第 16 脚：背光源负极。

3.1.2.2 1602 LCD 指令系统

（1）清屏

控制信号			指令编码							
E	RS	R/W	D7	D6	D5	D4	D3	D2	D1	D0
1	0	0	0	0	0	0	0	0	0	1

指令功能：清显示指令将空位字符码 20H 送入全部 DDRAM 地址中，使 DDRAM 中的内容全部清除，显示消失；地址计数器 AC=0，自动增 1 模式；显示归位，光标或者闪烁回到原点（显示屏左上角）；但并不改变移位设置模式。

（2）光标复位

控制信号			指令编码							
E	RS	R/W	D7	D6	D5	D4	D3	D2	D1	D0
1	0	0	0	0	0	0	0	0	1	X

指令功能：归位指令置地址计数器 AC=0；将光标及光标所在位的字符回原点；但 DDRAM 中的内容并不改变。

（3）设置输入模式

控制信号			指令编码							
E	RS	R/W	D7	D6	D5	D4	D3	D2	D1	D0
1	0	0	0	0	0	0	0	1	I/D	S

指令功能：

① I/D：字符码写入或者读出 DDRAM 后 DDRAM 地址指针 AC 变化方向标志。

I/D=1，完成一个字符码传送后，AC 自动加 1；

I/D=0，完成一个字符码传送后，AC 自动减 1。

② S：显示移位标志。

S=1，将全部显示向右（I/D=0）或者向左（I/D=1）移位；

S=0，显示不发生移位。

S=1 时，显示移位时，光标似乎并不移位；此外，读 DDRAM 操作以及对 CGRAM 的访问，不发生显示移位。

（4）显示开/关控制

控制信号			指令编码							
E	RS	R/W	D7	D6	D5	D4	D3	D2	D1	D0
1	0	0	0	0	0	0	1	D	C	B

指令功能：

① 显示开/关控制标志：D=1，开显示；D=0，关显示；关显示后，显示数据仍保持在DDRAM 中，立即开显示可以再现。

② 光标显示控制标志：C=1，光标显示；C=0，光标不显示。

不显示光标并不影响模块其他显示功能；显示 5×8 点阵字符时，光标在第 8 行显示，显示 5×10 点阵字符时，光标在第 11 行显示。

③ 闪烁显示控制标志：B=1，光标所指位置上，交替显示全黑点阵和显示字符，产生闪烁效果，F_{osc}=250kHz 时，闪烁频率为 0.4ms 左右；通过设置，光标可以与其所指位置的字符一起闪烁。

（5）光标或显示移位指令

控制信号			指令编码							
E	RS	R/W	D7	D6	D5	D4	D3	D2	D1	D0
1	0	0	0	0	0	1	S/C	R/L	X	X

指令功能：可使光标或显示在没有读写显示数据的情况下，向左或向右移动；运用此指令可以实现显示的查找或替换；在双行显示方式下，第一行和第二行会同时移位；当移位越过第一行第 40 位时，光标会从第一行跳到第二行，但显示数据只在本行内水平移位，第二行的显示绝不会移进第一行；倘若仅执行移位操作，地址计数器 AC 的内容不会发生改变。

S/C	R/L	说明
0	0	光标向左移动，AC 自动减 1
0	1	光标向右移动，AC 自动加 1
1	0	光标和显示一起向左移动
1	1	光标和显示一起向右移动

（6）功能设置

控制信号			指令编码							
E	RS	R/W	D7	D6	D5	D4	D3	D2	D1	D0
1	0	0	0	0	1	DL	N	F	X	X

指令功能：

① DL：数据接口宽度标志，DL=1，8 位数据总线 DB7～DB0；DL=0，4 位数据总线DB7～DB4。

② N：显示行数标志，N=1，显示 2 行；N=0，显示 1 行。

③ F：显示字符点阵字体标志，F=1 为 5×10 点阵，F=0 为 5×8 点阵。不能显示 2 行5×10 点阵。

（7）设置 CGRAM 地址

控制信号			指令编码							
E	RS	R/W	D7	D6	D5	D4	D3	D2	D1	D0
1	0	0	0	1	X	X	X	X	X	X

设置 CGRAM 地址指针，它将 CGRAM 存储用户自定义显示字符的字模数据的首地址

ACG5～ACG0 送入 AC 中，于是用户自定义字符字模就可以写入 CGRAM 中或者从 CGRAM 中读出。

（8）设置 DDRAM 地址

控制信号			指令编码							
E	RS	R/W	D7	D6	D5	D4	D3	D2	D1	D0
1	0	0	1	X	X	X	X	X	X	X

DDRAM 地址设置指令设置 DDRAM 地址指针，它将 DDRAM 存储显示字符的字符码的首地址 ADD6～ADD0 送入 AC 中，于是显示字符的字符码就可以写入 DDRAM 中或者从 DDRAM 中读出。

值得一提的是：在 LCD 显示屏一行显示方式下，DDRAM 的地址范围为 00H～4FH；两行显示方式下，DDRAM 的地址范围为第一行 00H～27H，第二行 40H～67H。

（9）读忙标志 BF 和 AC

控制信号			指令编码							
E	RS	R/W	D7	D6	D5	D4	D3	D2	D1	D0
1	0	1	BF	X	X	X	X	X	X	X

当 RS=0 和 R/W=1 时，在 E 信号高电平的作用下，BF 和 AC6～AC0 被读到数据总线 DB7～DB0 的相应位。

BF：内部操作忙标志，BF=1，表示模块正在进行内部操作，此时模块不接收任何外部指令和数据，直到 BF=0 为止。

AC6～AC0：地址计数器 AC 内的当前内容，由于地址计数器 AC 被 CGROM、CGRAM 和 DDRAM 的公用指针，因此当前 AC 内容所指区域由前一条指令操作区域决定；同时，只有 BF=0 时，送到 DB7～DB0 的数据 AC6～AC0 才有效。

（10）写数据到 CGRAM 或 DDRAM

控制信号			指令编码							
E	RS	R/W	D7	D6	D5	D4	D3	D2	D1	D0
1	1	0	X	X	X	X	X	X	X	X

写数据到 CGRAM 或 DDRAM 指令，是将用户自定义字符的字模数据写到已经设置好的 CGRAM 的地址中，或者是将欲显示字符的字符码写到 DDRAM 中；欲写入的数据 D7～D0 首先暂存在 DR 中，再由模块的内部操作自动写入地址指针所指定的 CGRAM 单元或者 DDRAM 单元中。

（11）从 CGRAM 或 DDRAM 中读数据

控制信号			指令编码							
E	RS	R/W	D7	D6	D5	D4	D3	D2	D1	D0
1	1	1	X	X	X	X	X	X	X	X

从 CGRAM 或 DDRAM 中读数据指令，是从地址计数器 AC 指定的 CGRAM 或者 DDRAM 单元中，读出数据 D7～D0；读出的数据 D7～D0 暂存在 DR 中，再由模块的内部操作送到

数据总线 DB7～DB0 上。需要注意的是，在读数据之前，应先通过地址计数器 AC 正确指定读取单元的地址。

3.1.2.3 LCD 初始化

LCD 初始化包含以下几个方面：

① 清屏指令；

② 功能设定指令；

③ 开显示指令；

④ 设置字符/光标移动模式。

P1 口接 LCD 数据线，初始化程序如下：

```
void cmd_wr()                    //写控制字
{
    RS=0;
    RW=0;
    E=0;
    Delay1ms(50);
    E=1;
}
void write_dr1(unsigned char x)//送单个字符至 LCD
{
     P1=x;
     RS=1;
     RW=0;
     E=0;
     Delay1ms(30);
     E=1;
}
void show_lcd(unsigned char *ch,unsigned char n)      //送字符串至 LCD 显示
{
    unsigned char i;
    for(i=0;i<n;i++)
    {
      //busy();
      P1=*(ch+i);
      RS=1;
      RW=0;
      E=0;
      Delay1ms(50);
      E=1;
    }
}
```

```
void inti_lcd()    //LCD 初始化
{
    P1=0x38;//功能设定指令，8 位，2 行，5×7 点矩阵
    cmd_wr();
    //busy();
    P1=0x01;        //清除
    cmd_wr();
    //busy();
    P1=0x0f;//开显示指令，显示屏 ON，光标 ON，闪烁 ON
    cmd_wr();
    //busy();
    P1=0x06;//设置字符光标移动模式，光标右移，整屏显示不移动
    cmd_wr();
    //busy();
    P1=0x0c;//显示器打开，在显示屏上不显示光标
    cmd_wr();
    //busy();
}
```

3.1.3　操作步骤

（1）硬件电路

完成硬件电路设计，参考电路如图 3-3 所示。

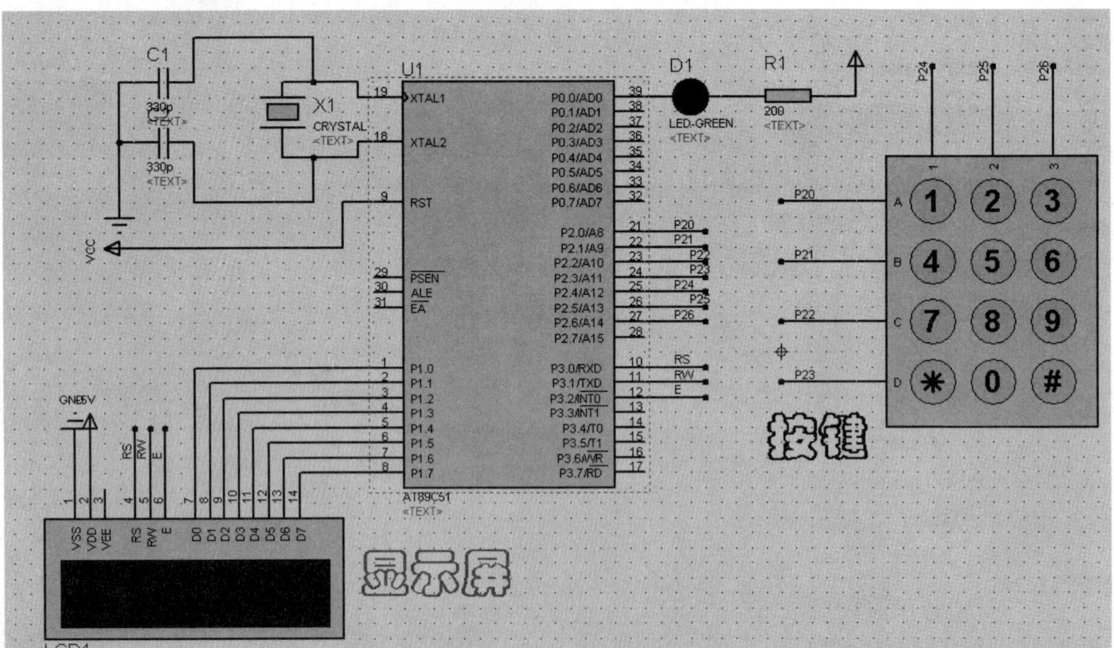

图 3-3　密码锁硬件电路图

（2）程序框图（见图 3-4）

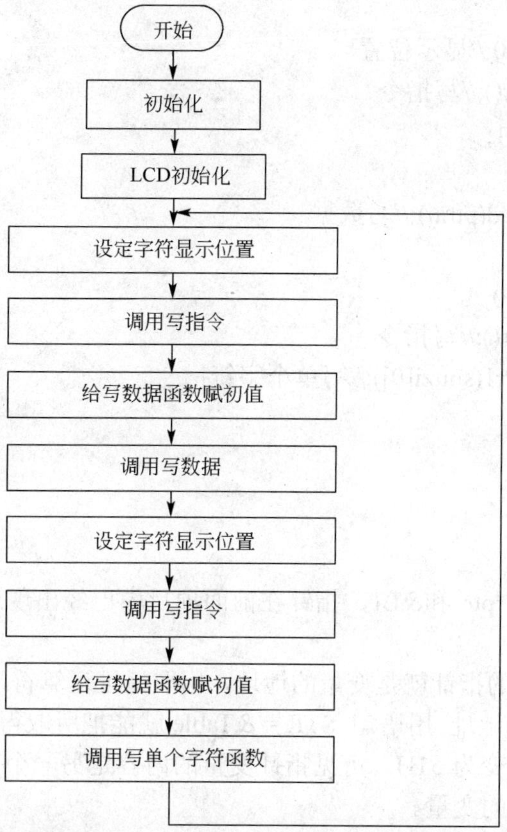

图 3-4　程序框图

（3）程序

```
#include <reg51.h>
#include <intrins.h>
#define unchar unsigned char;
#define unit unsigned int;
sbit RS=P3^0;
sbit RW=P3^1;
sbit E=P3^2;
unsigned char code L1[]="PASS WORD:";
unsigned char code shuzi[]="123456789*0#";
unsigned char code ledp[]={0xfe,0xee,0xfe,0xde,0xfe,0xbe,0xfd,0xed,0xfd,
0xdd,0xfd,0xbd,0xfb,0xeb,0xfb,0xdb,0xfb,0xbb,0xf7,0xe7,0xf7,0xd7,0xf7,0xb7};

void main()
{
   unsigned char kk,t,*ptr,n,mm,tt;
                    inti_lcd();    //初始化
```

```
    while(1)
    {
            P1=0x80;//显示位置
            cmd_wr();//写指令
            ptr=&L1;
            n=10;
            show_lcd(ptr,n);//写数据

            P1=0xc0;
            cmd_wr();//写指令
            write_dr1(shuzi[0]);//写单个字符
    }

}
```

3.1.4 讨论学习

在本任务中涉及到了*ptr 和&L1，指针在前面项目中已经出现过，此处将详细讨论指针的地址、内容及应用。

如图 3-5 所示，变量的指针就是变量的地址，用取地址运算符“&”取得赋给指针变量。&Table 取得变量 Table 的地址。用语句 STR = &Table 就能把所取得的 Table 地址存放在 STR 指针变量中。STR 的值就变为 51H。可见指针变量的内容是另一个变量的地址，地址所指的变量称为指针变量所指向的变量。

图 3-5 指针和指针内容关系图

要访问变量 Table 除了能用“Table”这个变量名来访问之外，还能用变量地址来访问。方法是先用&Table 取变量地址并赋予 STR 指针变量，然后就能用*STR 来对 Table 进行访问了。“*”是指针运算符，用它能取得指针变量所指向的地址中的值。在图 3-5 中指针变量 STR 所指向的地址是 51H，而 51H 中的值是 40H，那么*STR 所得的值就是 40H。 使用指针变量之前也和使用其他类型的变量那样要求先定义变量，而且形式也相类似。

数据类型 [存储器类型] * 变量名;

unsigned char xdata *pi //指针会占用二字节，指针自身存放在编译器默认存储区，指向 xdata 存储区的 char 类型

unsigned char xdata * data pi; //除指针自身指定在 data 区，其他同上

int * pi; //定义为一般指针，指针自身存放在编译器默认存储区，占三个字节

“数据类型”是指所定义的指针变量所指向的变量的类型。“存储器类型”是编译器编译时的一种扩展标识，它是可选的。在没有“存储器类型”选项时，则定义为一般指针，如有“存储器类型”选项时则定义为基于存储器的指针。限于 51 芯片的寻址范围，指针变量最大的值为 0xFFFF，这样就决定了一般指针在内存会占用 3 个字节，第一字节存放该指针存储器类型编码，后两个则存放该指针的高低位址。而基于存储器的指针因为不用识别存储器类型所以会占一个或两个字节，idata、data、pdata 存储器指针占一个字节，code、xdata 则会占两个字节。由上可知，明确地定义指针，能节省存储器的开销，这在严格要求程序体积的项目中很有用处。

在程序中，用“unsigned *ptr”指针进行了定义，用“ptr=&L1”为指针变量赋值，指向 L1 首地址，主程序中“show_lcd(ptr,n)”ptr 作为指针实参传递给 void show_lcd(unsigned char *ch,unsigned char n)中的 unsigned char *c 指针形参。

任务 3-2　在 LCD 显示相应的矩阵式按键值

学习目标：

- 能理解按键与单片机接口技术；
- 掌握矩阵式按键的工作原理；
- 掌握去抖动的工作思路；
- 掌握 C 语言在单片机仿真系统中的简单应用。

3.2.1　工作任务

按键采用 4×3 矩阵式按键，12 个按键分别代表 0～9、*、#。按下一个键 LCD 就显示相应的数字。

3.2.2　任务咨询

单片机系统中，若按键较多时，通常采用矩阵式（也称行列式）键盘。

（1）矩阵式键盘的结构及原理

矩阵式键盘由行线和列线组成，按键位于行、列线的交叉点上，其结构如图 3-6 所示。

由图可知，一个 4×4 的行、列结构可以构成一个含有 16 个按键的键盘，显然，在按键数量较多时，矩阵式键盘较之独立式按键键盘要节省很多 I/O 口。

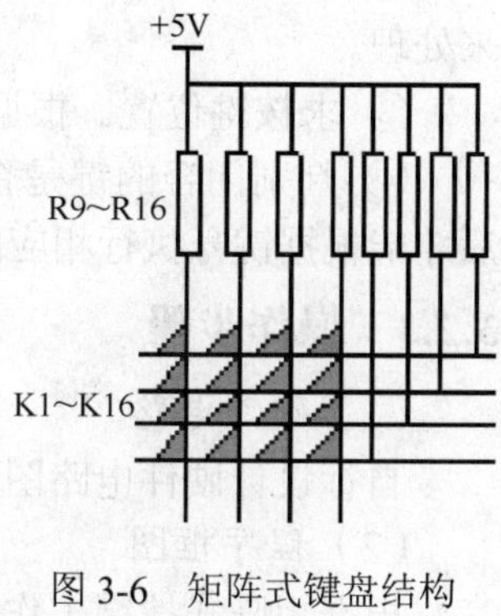

图 3-6　矩阵式键盘结构

矩阵式键盘中，行、列线分别连接到按键开关的两端，列线通过上拉电阻接到＋5V 上。当无键按下时列线处于高电平状态；当有键按下时，行、列线将导通，此时，列线电平将由与此列线相连的行线电平决定。这是识别按键是否按下的关键。然而，矩阵键盘中的行线、列线和多个键相连，各按键按下与否均影响该键所在行线和列线的电平，各按键间将相互影响，因此，必须将行线、列线信号配合起来作适当处理，才能确定闭合键的位置。

（2）矩阵式键盘按键的识别

识别按键的方法很多，其中，最常见的方法是扫描法。下面以图 3-6 中 8 号键的识别为例来说明扫描法识别按键的过程。按键按下时，与此键相连的行线与列线导通，列线在无键按下时处在高电平，显然，如果让所有的行线也处在高电平，那么，按键按下与否不会引起列线电平的变化，因此，必须使所有行线处在低电平，只有这样，当有键按下时，该键所在的列电平才会由高电平变为低电平。CPU 根据行电平的变化，便能判定相应的行有键按下。8 号键按下时，第 0 列一定为低电平，然而，第 0 列为低电平时，能否肯定是 8 号键按下呢？回答是否定的，因为 1、5、9 号键按下同样使第 0 列为低电平。为进一步确定具体键，不能使所有列线在同一时刻都处在低电平，可在某一时刻只让一条行线处于低电平，其余行线均处于高电平，另一时刻，让下一行处在低电平，依此循环，这种依次轮流每次选通一行的工作方式称为键盘扫描。采用键盘扫描后，再来观察 8 号键按下时的工作过程，当第 2 行处于低电平时，第 0 列处于低电平，而第 0、1、3 行处于低电平时，第 0 列却处在高电平，由此可判定按下的键应是第 2 行与第 0 列的交叉点，即 8 号键。

（3）键盘的工作方式

在单片机应用系统中，键盘扫描只是 CPU 的工作内容之一。CPU 对键盘的响应取决于键盘的工作方式，键盘的工作方式应根据实际应用系统中 CPU 的工作状况而定，其选取的原则是既要保证 CPU 能及时响应按键操作，又不要过多占用 CPU 的工作时间。通常，键盘的工作方式有三种，即编程扫描、定时扫描和中断扫描。先讲述编程扫描的相关思路。

编程扫描方式是利用 CPU 完成其他工作的空余调用键盘扫描子程序来响应键盘输入的要求。在执行键功能程序时，CPU 不再响应键输入要求，直到 CPU 重新扫描键盘为止。

键盘扫描程序一般应包括以下内容。

① 判别有无键按下。

② 键盘扫描取得闭合键的行、列值。

③ 用计算法或查表法得到键值。

④ 判断闭合键是否释放，如没释放则继续等待。

⑤ 将闭合键键号保存，同时转去执行该闭合键的功能。

在编程扫描方式下，键盘扫描子程序应完成如下几个功能。

① 判断有无键按下。其方法为：行全为 0，读列状态，若全为 1，则说明无键按下；若不全为 1，则说明有键按下。

② 消除按键抖动的影响。其方法为：在判断有键按下后，用软件延时的方法延时 10ms 后，再判断键盘状态，如果仍为有键按下状态，则认为有一个按键按下，否则当作按键抖动来处理。

③ 求按键位置。根据前述键盘扫描法，进行逐行置 0 扫描，逐列查询“0”。

④ 判别闭合的键是否释放。按键闭合一次只能进行一次功能操作，因此，等按键释放后才能根据键号执行相应的功能键操作。

3.2.3 操作步骤

（1）硬件电路

自行设计硬件电路图，参考图 3-3。

（2）程序框图

根据矩阵式按键工作原理，完成矩阵式按键子程序框图（见图 3-7、图 3-8）。

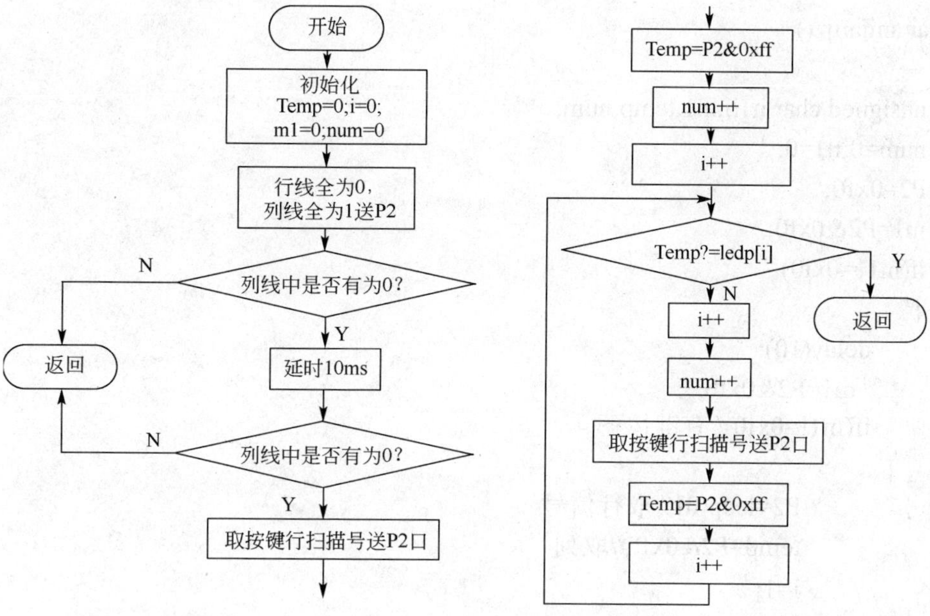

图 3-7　矩阵式按键子程序框图

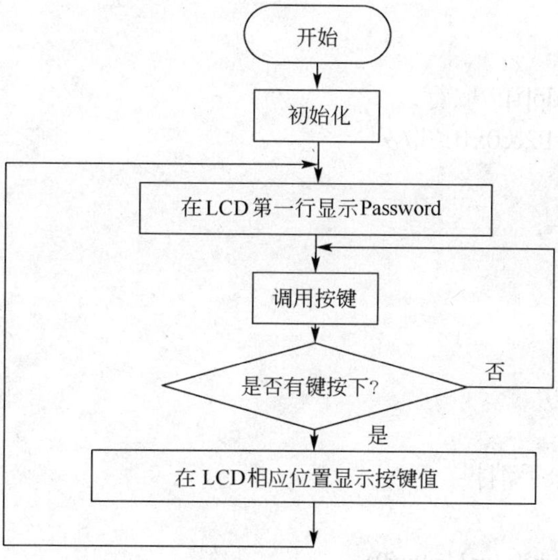

图 3-8　主程序框图

（3）程序

```
#include <reg51.h>
#include <intrins.h>
#define uchar unsigned char;
#define unit unsigned int;
sbit RS=P3^0;
sbit RW=P3^1;
sbit E=P3^2;
```

```
uchar anjianjz()
{
    unsigned char n1,i,m1,temp,num;
    num=0;n1=0;
    P2=0xf0;
    m1=P2&0xf0;
    if(m1!=0xf0)
    {
        delay(10);
         m1=P2&0xf0;
        if(m1!=0xf0)//有键按下
      {
            P2=ledp[0];//取行信号
            temp=P2&0xff;//取列
            i=1;
           num++;
      while(temp!=ledp[i])//将列信号与对应表格值比较，判断哪个键按下
      {
            i++;
            P2=ledp[i];//取行
            temp=P2&0xff;//取列
            i++;
            num++;
      }

}//if(m1!=0xf0)
      }//if(m1!=0xf0)
          //num=n1;
        P2=0xf0;//松手消抖
m1=P2&0xff;
                   while(m1!=0xf0)
                    {
                  P2=0xf0;
                        m1=P2&0xff;

                    }
return num;

}

unsigned char code L1[]="PASS WORD:";
unsigned char code shuzi[]="123456789*0#";
```

```
unsigned char code ledp[]={0xfe,0xee,0xfe,0xde,0xfe,0xbe,0xfd,0xed,0xfd,
0xdd,0xfd,0xbd,0xfb,0xeb,0xfb,0xdb,0xfb,0xbb,0xf7,0xe7,0xf7,0xd7,0xf7,0xb7};

void main()
{
    unsigned char kk,t,*ptr,n,mm,tt;
            inti_lcd();   //初始化
while(1)
{
            P1=0x80;//显示位置
            cmd_wr();//写指令
            ptr=&L1;
            n=10;
            show_lcd(ptr,n);//写数据
            kk=anjian();
                    while(kk==0)
                    {
                        kk=anjian();
                    }//直到有键按下
                        t=shuzi[kk-1];//t 为按键的键值
            P1=0xc0;
            cmd_wr();//写指令
            write_dr1(t);//写单个字符
}

}
```

3.2.4　讨论学习

（1）完成 4×4 矩阵式按键子程序的编写

（2）局部变量和全局变量

局部变量：在程序中，只在特定的过程或函数中可以访问的变量，是相对于全局变量而言的。

全局变量：全局变量也称为外部变量，是在函数的外部定义的，它的作用域为从变量定义处开始，到本程序文件的末尾。全局变量全部存放在静态存储区，在程序开始执行时给全局变量分配存储区，程序执行完毕就释放。请思考以上定义的程序中哪些是全局变量，哪些是局部变量？若将全局变量改为局部变量会对结果有何影响？

任务 3-3　防盗数字密码锁设计

学习目标：

- 能根据任务要求熟练绘制程序框图；

- 能用 C51 语言熟练完成程序框图的编写；
- 初次体验完成大项目的步骤，注意子函数各空间的分配。

3.3.1 工作任务

上电后，LCD 第一行显示：Password:，第二行显示：Old：等待密码的输入。按键依次输入旧密码，LCD 显示旧密码。等待“#”输入。LCD 第一行显示 Password:，第二行显示：New：等待新密码的输入。通过按键依次输入新密码，LCD 显示新密码。“#”键输入后，判断新旧密码是否一致，若一致，显示 Password OK!，指示灯亮，模拟开锁；不一致显示 Password error!，指示灯灭，模拟锁不开。

3.3.2 操作步骤

（1）硬件电路设计

根据要求完成硬件电路图设计，可参考图 3-3。

（2）程序框图

根据任务要求设计程序框图，参考图 3-9。

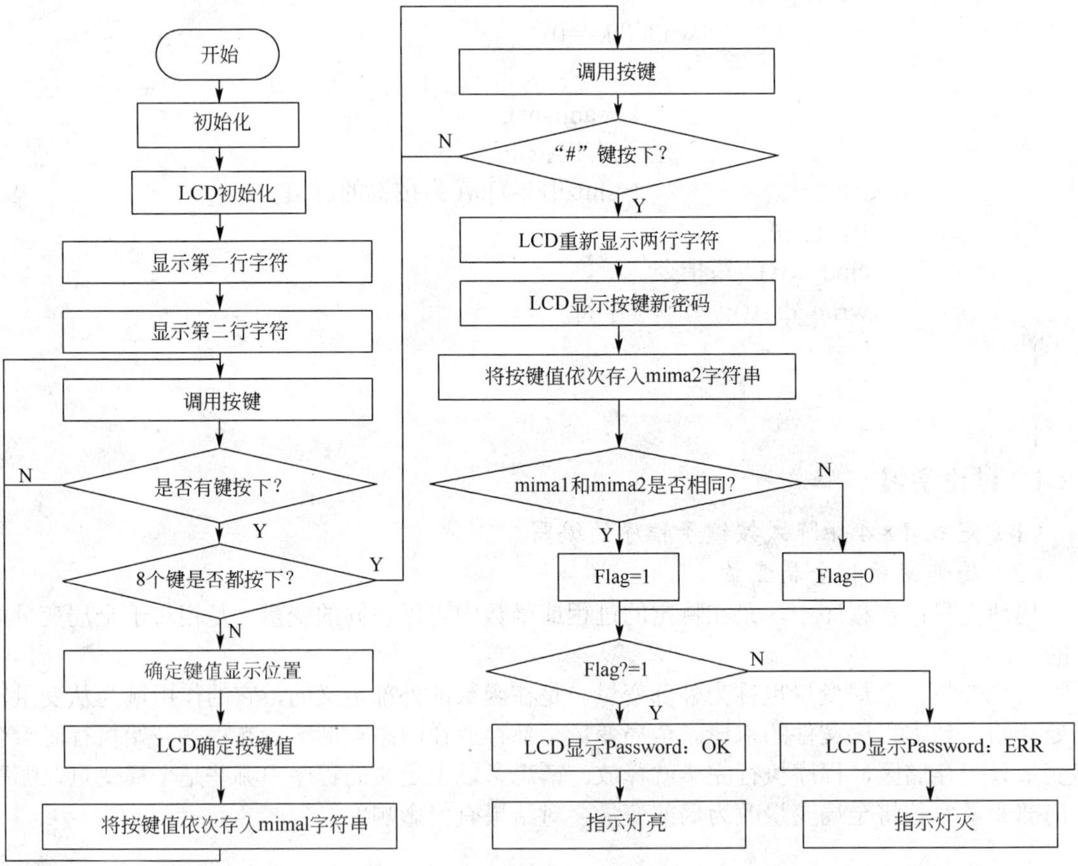

图 3-9 主程序框图

试完成所有子程序框图。

（3）程序代码

```
#include <reg51.h>
```

```
#include <intrins.h>
#define unchar unsigned char;
#define unit unsigned int;
sbit RS=P3^0;
sbit RW=P3^1;
sbit E=P3^2;
sbit P00=P0^0;

unsigned char code L1[]="PASS WORD:";
unsigned char code L2[]="ERROR!!!";
unsigned char code L3[]="OLD:";
unsigned char code L4[]="NEW:";
unsigned char code L5[]="OK!!!";
unsigned char code shuzi[]="123456789*0#";
unsigned char code ledp[]={0xfe,0xee,0xfe,0xde,0xfe,0xbe,0xfd,0xed,0xfd,0xdd,0xfd,
0xbd,0xfb,0xeb,0xfb,0xdb,0xfb,0xbb,0xf7,0xe7,0xf7,0xd7,0xf7,0xb7};
unsigned char mima1[8];
unsigned char mima2[8];

void main()
{
    unsigned char kk,t,*ptr,n,mm,tt;
    bit flag;
    flag=1;
    P00=1;

              inti_lcd();   //LCD 初始化
              P1=0x80;
             cmd_wr();

             ptr=&L1;
             n=10;
             show_lcd(ptr,n);//在第一行显示 Password

             P1=0xc0;
             cmd_wr();
             ptr=&L3;
             n=4;
             show_lcd(ptr,n);
             P1=0x0f;
             cmd_wr() ;
```

```
P1=0xc4;
cmd_wr() ;//初始化第一行显示 Password:，第二行显示 Old:
 mm=0;
    for(mm=0;mm<8;mm++)
    {
        kk=anjianjz43();
        while(kk==0)
        {
            kk=anjianjz43();
        }
        t=shuzi[kk-1];//t 为按键的键值
            P1=0xc4+mm;
            cmd_wr();
            write_dr1(t);
            mima1[mm]=kk;
            tt=shuzi[mima1[mm]-1];
            kk=0xff;

      }//设置旧密码
      kk=anjianjz43();
        while(kk!=12)//等待#键按下
        {
            kk=anjianjz43();
        }
 inti_lcd(); //初始化第一行显示 Password:，第二行显示 New:
 P1=0x80;
cmd_wr();

ptr=&L1;
n=10;
show_lcd(ptr,n);

P1=0xc0;
cmd_wr();
ptr=&L4;
n=4;
show_lcd(ptr,n);
P1=0x0f;
cmd_wr() ;
P1=0xc4;
cmd_wr() ;
```

```
mm=0;
    for(mm=0;mm<8;mm++)//设置新密码
        {
            kk=anjianjz43();
            while(kk==0)
            {
                kk=anjianjz43();
            }
                t=shuzi[kk-1];//t 为按键的键值
                    P1=0xc4+mm;
                    cmd_wr();
                    write_dr1(t);
                    mima2[mm]=kk;
                    tt=shuzi[mima2[mm]-1];
                    kk=0xff;
        }
        kk=anjianjz43();
        while(kk!=12)//等待#键按下
        {
            kk=anjianjz43();
        }

        mm=0;//比较两次密码是否相同
            while(mm<8)
            {
                if(mima1[mm]!=mima2[mm])
        {
            flag=0;
                break;}
                else
                {flag=1;
                mm++;}
            }


                inti_lcd();
                  P1=0x80;
                cmd_wr();
                ptr=&L1;
                n=10;
                show_lcd(ptr,n);
```

```
        while(1){
                if(flag==1)
                {
                        P00=0;
                        P1=0xc0;
                        cmd_wr();
                        ptr=&L5;
                        n=5;
                        show_lcd(ptr,n);
                }
                else
                {
                        P1=0xc0;
                        cmd_wr();
                        ptr=&L2;
                        n=8;
                        show_lcd(ptr,n);
                }
                }
}
```

3.3.3 思考讨论

① LCD 如何显示密码数字。LCD 只能显示字符，密码为数字，如何进行转化？

② 若设定密码时，为保密起见 LCD 显示*替代相应的密码值，如何修改程序？

项目小结

按键可以分为独立式按键和矩阵式按键。矩阵式按键占用 I/O 线少，节省资源，软件相对复杂。矩阵式键盘按键识别最常见的方法是扫描法。LCD 显示灵活，较数码管显示更形象，学会设计 LCD 接口硬件电路和程序设计及编写。

能用 C 语言指针完成 LCD 初始化函数的编写及调用，局部变量和全局变量的区别和灵活使用，掌握 C 语言在单片机仿真系统中的综合应用。

项目 4 以人为本的交通灯设计

项目背景： 交通灯通常指由红、黄、绿三种颜色灯组成用来指挥交通的信号灯。绿灯亮时，准许车辆通行；黄灯亮时，已越过停止线的车辆可以继续通行；红灯亮时，禁止车辆通行。

客户要求： 设计一个十字路口交通信号，要求既能保证车辆的安全通行，又能考虑紧急情况处理、通行/禁行时间显示、车流量统计以及根据车流量的大小自动调整通行/禁行时间等。例如交通灯现状是南北通行，东西禁行，而此时东西向有特殊情况希望通行，即可以利用手动控制改变固定状态。

项目分析： 根据项目要求，将项目分成四个阶段任务：①采用定时器，实现灯循环亮灭；②采用定时器中断让数码管循环显示 0～9；③采用外部中断进行计数；④以人为本的交通灯设计。

任务 4-1 采用定时器定时 1s，让灯循环亮灭

学习目标：

- 掌握定时器工作方式；
- 能使用单片机定时模块实现定时 1s；
- 掌握 C 语言在单片机仿真系统中的简单应用。

4.1.1 工作任务

让单片机控制灯的亮灭，灯亮 1s 后灭 1s，循环往复，其中 1s 为通过定时器定时。

4.1.2 任务分析

4.1.2.1 硬件设计

硬件电路较简单，P1 口接 LED，可参考项目 1 中图 1-22，自行完成设计。

4.1.2.2 软件设计

根据任务要求，任务中灯的亮灭时间由定时器控制，设计程序框图，如图 4-1 所示。

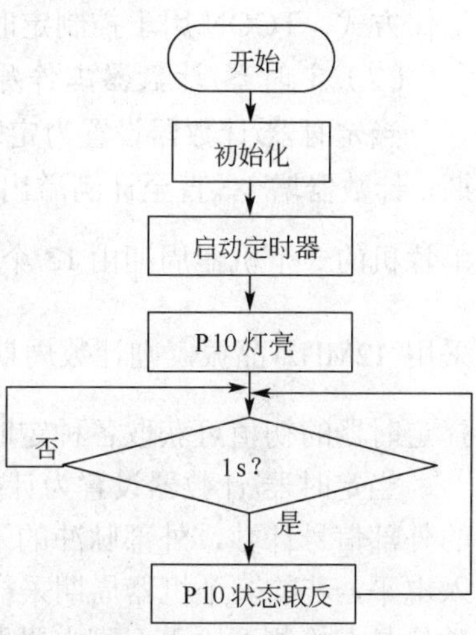

图 4-1 程序框图

问题： 如何使用定时器定时 1s？

理论知识点： 单片机定时器/计数器的结构

（1）定时器/计数器组成框图

8051 单片机内部有两个 16 位的可编程定时器/计数器，称为定时器 0（T0）和定时器 1（T1），可编程选择其作为定时器用或作为计数器用。此外，工作方式、定时时间、计

数值、启动、中断请求等都可以由程序设定，其逻辑结构如图 4-2 所示。

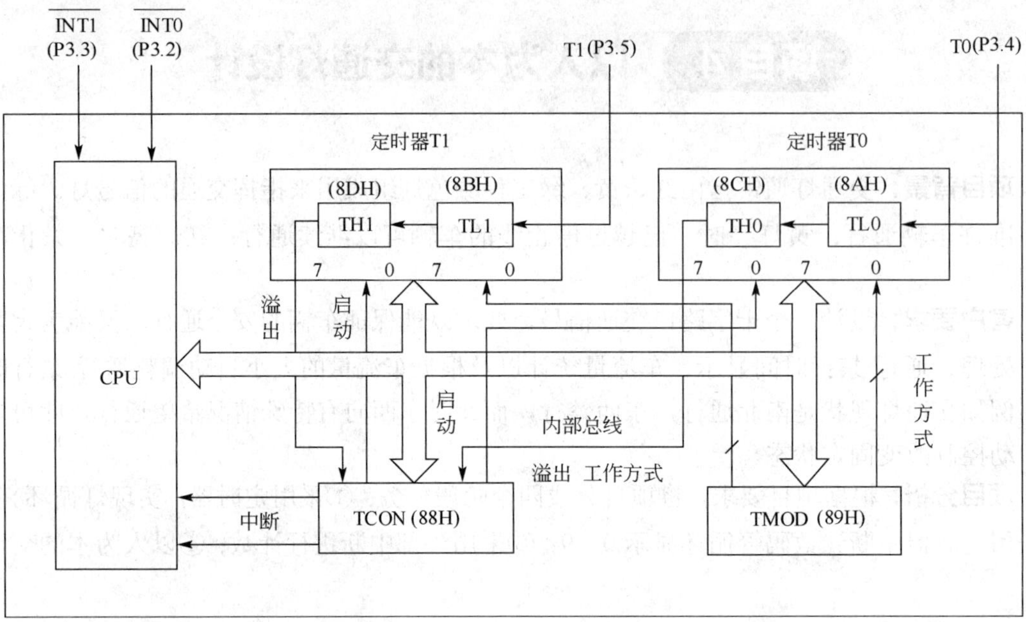

图 4-2 8051 定时器/计数器逻辑结构图

由图可知，8051 定时器/计数器由定时器 T0、定时器 T1、定时器方式寄存器 TMOD 和定时器控制寄存器 TCON 组成。

T0、T1 是 16 位加法计数器，分别由两个 8 位专用寄存器组成：T0 由 TH0 和 TL0 构成，T1 由 TH1 和 TL1 构成。TL0、TL1、TH0、TH1 的访问地址依次为 8AH～8DH，每个寄存器均可单独访问。T0 或 T1 用作计数器时，对芯片引脚 T0（P3.4）或 T1（P3.5）上输入的脉冲计数，每输入一个脉冲，加法计数器加 1；其用作定时器时，对内部机器周期脉冲计数，由于机器周期是定值，故计数值一定时，时间也随之确定。

TMOD、TCON 与 T0、T1 间通过内部总线及逻辑电路连接，TMOD 用于设置定时器的工作方式，TCON 用于控制定时器的启动与停止。

（2）定时器/计数器工作原理

当定时器/计数器设置为定时工作方式时，计数器对内部机器周期计数，每过一个机器周期，计数器增 1，直至计满溢出。定时器的定时时间与系统的振荡频率紧密相关，因 MCS-51 单片机的一个机器周期由 12 个振荡脉冲组成，所以，计数频率 $f_c = \frac{1}{12} f_{OSC}$。如果单片机系统采用 12MHz 晶振，则计数周期为：$T = \frac{1}{12 \times 10^6 \times 1/12} = 1\mu s$，这是最短的定时周期，适当选择定时器的初值可获取各种定时时间。

当定时器/计数器设置为计数工作方式时，计数器对来自输入引脚 T0（P3.4）和 T1（P3.5）的外部信号计数，外部脉冲的下降沿将触发计数。在每个机器周期的 S5P2 期间采样引脚输入电平，若前一个机器周期采样值为 1，后一个机器周期采样值为 0，则计数器加 1。新的计数值是在检测到输入引脚电平发生由 1 到 0 的负跳变后，于下一个机器周期的 S3P1 期间装入计数器中的，可见，检测一个由 1 到 0 的负跳变需要两个机器周期，所以，最高检测频率为振荡频率的1/24。计数器对外部输入信号的占空比没有特别的限制，但必须保证输入信号的高电平与低电平的持续时间在一个机器周期以上。

当设置了定时器的工作方式并启动定时器工作后，定时器就按被设定的工作方式独立工作，不再占用CPU的操作时间，只有在计数器计满溢出时才可能中断CPU当前的操作。关于定时器的中断将在下一任务讨论。

（3）定时器/计数器的方式寄存器和控制寄存器

在启动定时器/计数器工作之前，CPU必须将一些命令（称为控制字）写入定时器/计数器中，这个过程称为定时器/计数器的初始化。定时器/计数器的初始化通过定时器/计数器的方式寄存器TMOD和控制寄存器TCON完成。

1）定时器/计数器方式寄存器TMOD　TMOD为T1、T2的工作方式寄存器，其格式如下：

TMOD	D7	D6	D5	D4	D3	D2	D1	D0
(89H)	GATE	$C/\overline{T}$	M1	M0	GATE	$C/\overline{T}$	M1	M0
	←定时器1→				←定时器0→			

TMOD的低4位为T0的方式字段，高4位为T1的方式字段，它们的含义完全相同。

① M1和M0：方式选择位。定义如下：

M1　M0	工作方式	功能说明
0　0	方式0	13位计数器
0　1	方式1	16位计数器
1　0	方式2	自动再装入8位计数器
1　1	方式3	定时器0：分成两个8位计数器 定时器1：停止计数

② $C/\overline{T}$：功能选择位。$C/\overline{T}=0$时，设置为定时器工作方式；$C/\overline{T}=1$时，设置为计数器工作方式。

③ GATE：门控位。当GATE=0时，软件控制位TR0或TR1置1即可启动定时器；当GATE=1时，软件控制位TR0或TR1需置1，同时还需$\overline{INT0}$（P3.2）或$\overline{INT1}$（P3.3）为高电平方可启动定时器，即允许外中断$\overline{INT0}$、$\overline{INT1}$启动定时器。

TMOD不能位寻址，只能用字节指令设置定时器工作方式，高4位定义T1，低4位定义T0。复位时，TMOD所有位均置0。

如设置定时器1工作于方式1，定时工作方式与外部中断无关，则M1=0、M0=1，$C/\overline{T}=0$、GATE=0，因此，高4位应为0001；定时器0未用，低4位可随意置数，但低两位不可为11（因方式3时，定时器1停止计数），一般将其设为0000。因此，指令形式为：TMOD=0x10。

2）定时器/计数器控制寄存器TCON　TCON的作用是控制定时器的启动、停止，标志定时器的溢出和中断情况。定时器控制字TCON的格式如下：

TCON（88H）	8FH	8EH	8DH	8CH	8BH	8AH	89H	88H
	TF1	TR1	TF0	TR0	IE1	IT1	IE0	IT0

各位含义如下。

① TCON.7　TF1：定时器 1 溢出标志位。当定时器 1 计数满产生溢出时，由硬件自动置 TF1=1。在中断允许时，向 CPU 发出定时器 1 的中断请求，进入中断服务程序后，由硬件自动清 0。在中断屏蔽时，TF1 可作查询测试用，此时只能由软件清 0。

② TCON.6　TR1：定时器 1 运行控制位。由软件置 1 或清 0 来启动或关闭定时器 1。当 GATE=1，且 $\overline{\text{INT1}}$ 为高电平时，TR1 置 1 启动定时器 1；当 GATE=0 时，TR1 置 1 即可启动定时器 1。

③ TCON.5　TF0：定时器 0 溢出标志位。其功能及操作情况同 TF1。

④ TCON.4　TR0：定时器 0 运行控制位。其功能及操作情况同 TR1。

⑤ TCON.3　IE1：外部中断 1（$\overline{\text{INT1}}$）请求标志位。

⑥ TCON.2　IT1：外部中断 1 触发方式选择位。

⑦ TCON.1　IE0：外部中断 0（$\overline{\text{INT0}}$）请求标志位。

⑧ TCON.0　IT0：外部中断 0 触发方式选择位。

TCON 中的低 4 位用于控制外部中断，与定时器/计数器无关。当系统复位时，TCON 的所有位均清 0。

TCON 的字节地址为 88H，可以位寻址，清溢出标志位或启动定时器都可以用位操作指令。

3）定时器/计数器的初始化　由于定时器/计数器的功能是由软件编程确定的，所以，一般在使用定时器/计数器前都要对其进行初始化。初始化步骤如下。

① 确定工作方式——对 TMOD 赋值。

如定时器 1 工作在方式 1，且工作在定时器方式，TMOD=0x10。

② 预置定时或计数的初值——直接将初值写入 TH0、TL0 或 TH1、TL1。

定时器/计数器的初值因工作方式的不同而不同。设最大计数值为 M，则各种工作方式下的 M 值如下：

方式 0：$M = 2^{13} = 8192$

方式 1：$M = 2^{16} = 65536$

方式 2：$M = 2^{8} = 256$

方式 3：定时器 0 分成两个 8 位计数器，所以两个定时器的 M 值均为 256。

因定时器/计数器工作的实质是作“加 1”计数，所以，当最大计数值 M 值已知时，初值 X 可计算如下：

$$X = M - \text{计数值}$$

如定时器 1 采用方式 1 定时，M=65536，因要求每 50ms 溢出一次，如采用 12MHz 晶振，则计数周期 T=1μs，计数值 $= 50 \times 1000 = 50000$，所以，计数初值为

$$X = 65536 - 50000 = 15536 = 3CB0H$$

将 3C、B0 分别预置给 TH1、TL1。

③ 根据需要开启定时器/计数器中断——直接对 IE 寄存器赋值。

④ 启动定时器/计数器工作——将 TR0 或 TR1 置“1”。

GATE = 0 时，直接由软件置位启动；GATE = 1 时，除软件置位外，还必须在外中断引脚处加上相应的电平值才能启动。

至此为止，定时器/计数器的初始化过程已完毕。

（4）定时器/计数器的工作方式

由前述内容可知，通过对 TMOD 寄存器中 M0、M1 位进行设置，可选择 4 种工作方式，

下面逐一进行论述。

1）方式 0　方式 0 构成一个 13 位定时器/计数器。图 4-3 是定时器 0 在方式 0 时的逻辑电路结构，定时器 1 的结构和操作与定时器 0 完全相同。

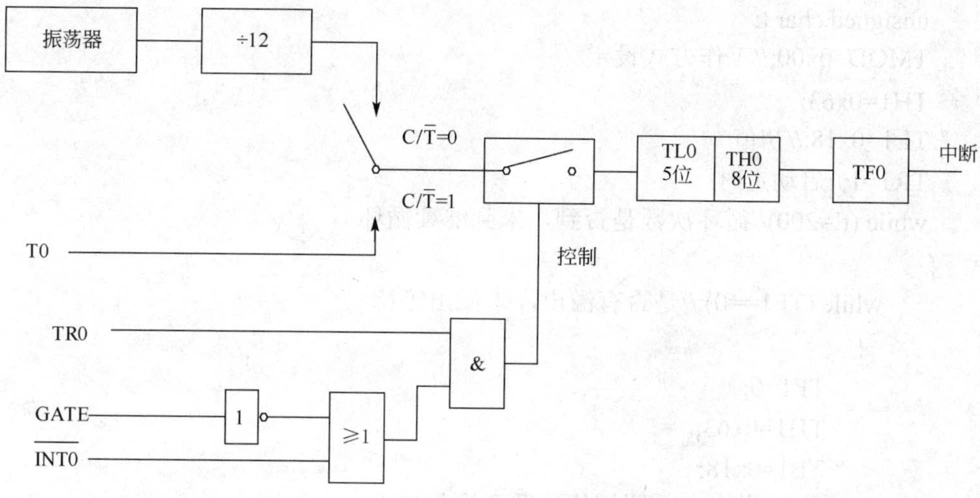

图 4-3　T0（或 T1）方式 0 时的逻辑电路结构

由图可知：16 位加法计数器（TH0 和 TL0）只用了 13 位。其中，TH0 占高 8 位，TL0 占低 5 位（只用低 5 位，高 3 位未用）。当 TL0 低 5 位溢出时自动向 TH0 进位，而 TH0 溢出时向中断位 TF0 进位（硬件自动置位），并申请中断。

当 $C/\overline{T}=0$ 时，多路开关连接 12 分频器输出，T0 对机器周期计数，此时，T0 为定时器。其定时时间为

$$(M-T0初值)\times时钟周期\times12=(8192-T0初值)\times时钟周期\times12$$

当 $C/\overline{T}=1$ 时，多路开关与 T0（P3.4）相连，外部计数脉冲由 T0 脚输入，当外部信号电平发生由 1 到 0 的负跳变时，计数器加 1，此时，T0 为计数器。

当 GATE = 0 时，或门被封锁，$\overline{INT0}$ 信号无效。或门输出常 1，打开与门，TR0 直接控制定时器 0 的启动和关闭。TR0 = 1，接通控制开关，定时器 0 从初值开始计数直至溢出。溢出时，16 位加法计数器为 0，TF0 置位，并申请中断。如要循环计数，则定时器 T0 需重置初值，且需用软件将 TF0 复位。TR0 = 0，则与门被封锁，控制开关被关断，停止计数。

当 GATE = 1 时，与门的输出由 $\overline{INT0}$ 的输入电平和 TR0 位的状态来确定。若 TR0 = 1 则与门打开，外部信号电平通过 $\overline{INT0}$ 引脚直接开启或关断定时器 T0，当 $\overline{INT0}$ 为高电平时，允许计数，否则停止计数；若 TR0 = 0，则与门被封锁，控制开关被关断，停止计数。

例 4-1　用定时器 1 方式 0 实现 1s 的延时。

解　因方式 0 采用 13 位计数器,其最大定时时间为：8192×1μs = 8.192ms，可选择定时时间为 5ms，再循环 200 次。定时时间选定后，再确定计数值为 5000，则定时器 1 的初值为

$$X=M-计数值=8192-5000=3192=C78H=0110001111000B$$

因 13 位计数器中 TL1 的高 3 位未用，应填写 0，TH1 占高 8 位，所以，X 的实际填写值应为：

$$X=0110001100011000B=6318H$$

即：TH1 = 0x63，TL1 =0x18，又因采用方式 0 定时，故 TMOD = 0x00。

请读者编写 1s 延时子函数。

```
void Delay1s()
{
    unsigned char t;
    TMOD=0x00;//工作方式设定
    TH1=0x63;
    TL1=0x18;//初值
    TR1=1;//启动定时
    while (t!=200)//循环次数是否到，未到继续循环
    {
        while (TF1==0);//是否有溢出，未溢出等待
        {
            TF1=0;
            TH1=0x63;
            TL1=0x18;
            t++;//溢出，重置初值，循环次数加 1
        }
    }
    t=0;
}
```

2）方式 1　定时器工作于方式 1 时，其逻辑结构如图 4-4 所示。

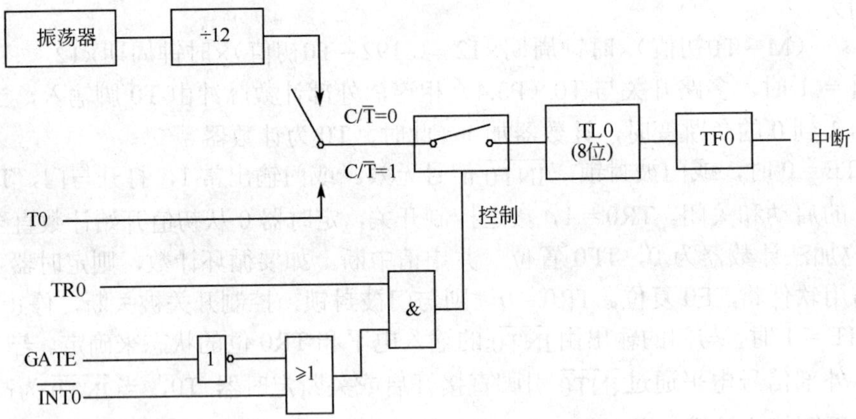

图 4-4　T0（或 T1）方式 1 时的逻辑结构

由图可知，方式 1 构成一个 16 位定时器/计数器，其结构与操作几乎完全与方式 0 相同，唯一差别是二者计数位数不同。作定时器用时其定时时间为

$$(M-T0初值)\times 时钟周期\times 12=(65536-T0初值)\times 时钟周期\times 12$$

请读者利用定时器 1 方式 1，定时 1s。

3）方式 2　定时器/计数器工作于方式 2 时，其逻辑结构如图 4-5 所示。

由图可知，方式 2 中 16 位加法计数器的 TH0 和 TL0 具有不同功能，其中，TL0 是 8 位计数器，TH0 是重置初值的 8 位缓冲器。

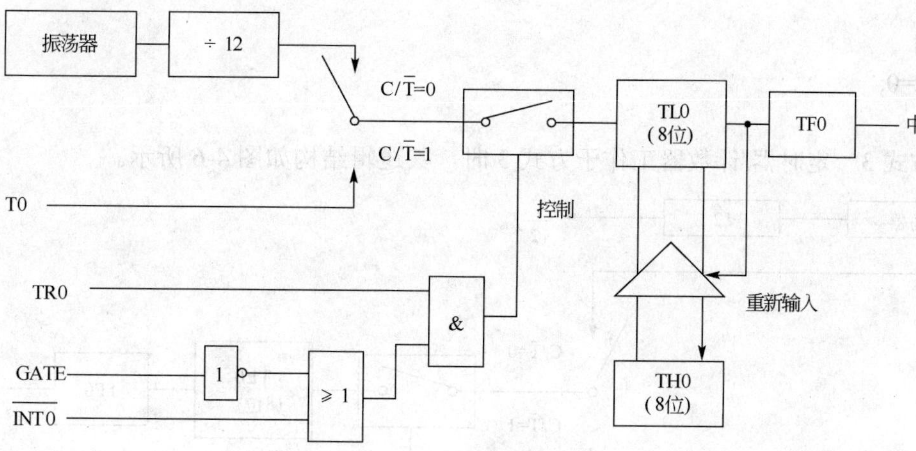

图 4-5　T0（或 T1）方式 2 时的逻辑结构

方式 0 和方式 1 用于循环计数，在每次计满溢出后，计数器都复 0，要进行新一轮计数还需重置计数初值。这不仅导致编程麻烦，而且影响定时时间精度。方式 2 具有初值自动装入功能，避免了上述缺陷，适合用作较精确的定时脉冲信号发生器。其定时时间为

$$(M-\text{T0初值})\times\text{时钟周期}\times 12=(256-\text{T0初值})\times\text{时钟周期}\times 12$$

方式 2 中 16 位加法计数器被分割为两个，TL0 用作 8 位计数器，TH0 用以保持初值。在程序初始化时，TL0 和 TH0 由软件赋予相同的初值。一旦 TL0 计数溢出，TF0 将被置位，同时，TH0 中的初值装入 TL0，从而进入新一轮计数，如此重复循环不止。

例 4-2　试用定时器 1 方式 2 实现 1s 的延时。

解　因方式 2 是 8 位计数器，其最大定时时间为：256×1μs = 256μs，为实现 1s 延时，可选择定时时间为 250μs，再循环 4000 次。定时时间选定后，可确定计数值为 250，则定时器 1 的初值为：X = M –计数值=256 – 250 = 6 = 6H。采用定时器 1 方式 2 工作，因此，TMOD = 0x20。

可编得 1s 延时子程序如下。

```
void Delay1s()
{
        unsigned int t;
        TMOD=0x20; //工作方式设定
        TH1=0x06;
        TL1=0x06; //初值
        TR1=1; //启动定时
      while(t!=4000) //循环次数是否到，未到继续循环
      {
          while (TF1==0); //是否有溢出，未溢出等待
          {
                TF1=0;
                t++;//溢出，循环次数加 1
          }
```

```
    }
    t=0;
}
```

4）方式 3　定时器/计数器工作于方式 3 时，其逻辑结构如图 4-6 所示。

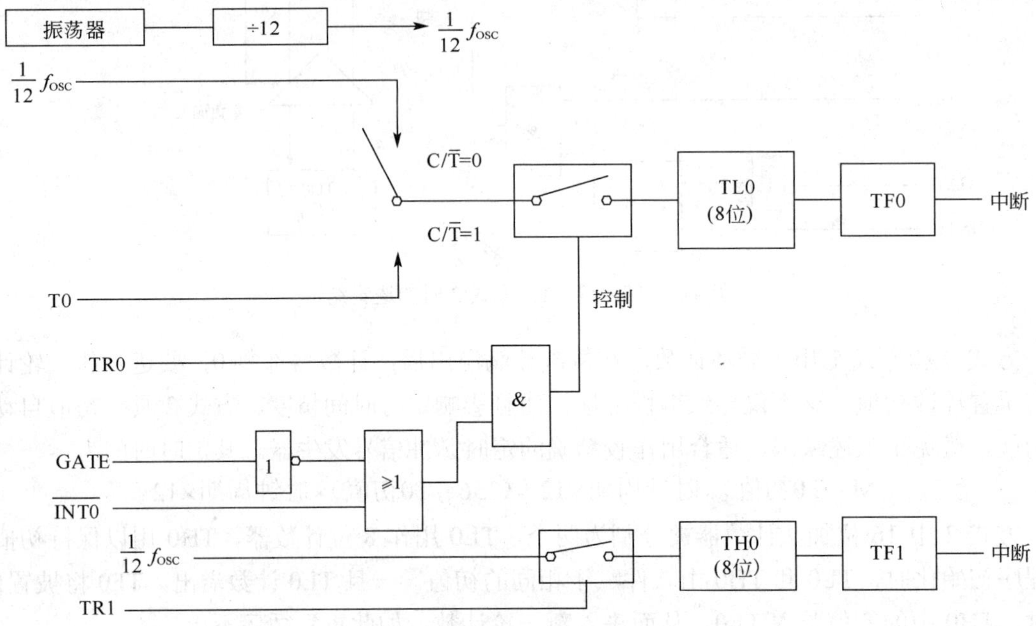

图 4-6　T0 方式 3 时的逻辑结构

由图可知，方式 3 时，定时器 T0 被分解成两个独立的 8 位计数器 TL0 和 TH0。其中，TL0 占用原 T0 的控制位、引脚和中断源，即 $C/\overline{T}$、GATE、TR0、TF0 和 T0（P3.4）引脚、$\overline{INT0}$（P3.2）引脚。除计数位数不同于方式 0、方式 1 外，其功能、操作与方式 0、方式 1 完全相同，可定时亦可计数。而 TH0 占用原定时器 T1 的控制位 TF1 和 TR1，同时还占用了 T1 的中断源，其启动和关闭仅受 TR1 置 1 或清 0 控制，TH0 只能对机器周期进行计数，因此，TH0 只能用作简单的内部定时，不能用作对外部脉冲进行计数，是定时器 T0 附加的一个 8 位定时器。二者的定时时间分别为

TL0：$(M-TL0初值)\times时钟周期\times12=(256-TL0初值)\times时钟周期\times12$

TH0：$(M-TH0初值)\times时钟周期\times12=(256-TH0初值)\times时钟周期\times12$

方式 3 时，定时器 1 仍可设置为方式 0、方式 1 或方式 2。但由于 TR1、TF1 及 T1 的中断源已被定时器 T0 占用，此时，定时器 T1 仅由控制位 $C/\overline{T}$ 切换其定时或计数功能，当计数器计满溢出时，只能将输出送往串行口。在这种情况下，定时器 1 一般用作串行口波特率发生器或不需要中断的场合。因定时器 T1 的 TR1 被占用，因此其启动和关闭较为特殊，当设置好工作方式时，定时器 1 即自动开始运行，若要停止操作，只需送入一个设置定时器 1 为方式 3 的方式字即可。

例 4-3　用定时器 T0 方式 3 实现 1s 的延时。

解　根据题意，定时器 T0 中的 TH0 只能为定时器，定时时间可设为 250μs；TL0 设置为计数器，计数值可设为 200。TH0 计满溢出后，用软件复位的方法使 T0（P3.4）引脚产生

负跳变，TH0 每溢出一次，T0 引脚便产生一个负跳变，TL0 便计数一次。TL0 计满溢出时，延时时间应为 50ms，循环 20 次便可得到 1s 的延时。

由上述分析可知，TH0 计数初值为：X =（256 – 250）= 6 = 06H

TL0 计数初值为：X =（256 – 200）= 56 = 38H

TMOD = 00000111B = 07H

可编得 1s 延时子程序如下。

```
void Delay1s()
{
        unsigned int t;
        TMOD=0x07;
        TH0=0x06;
        TL0=0x38;
        TR1=1;
        TR0=1;
        while(t!=4000)
        {
                while(TF0==0)
                {
                        while (TF1==0);
                            {
                            TF1=0;
                            TH0=0x06;
                            P34=0;
                            P34=0;
                            P34=1;
                            }
                }
                TF0=0;
                 TL0=0x38;
                 t++;
        }
        t=0;
}
```

4.1.3　任务实施

（1）程序框图

1s 采用定时器 0 工作方式 1 定时 50ms，循环 20 次。

先对定时器进行初始化：① 确定工作方式；② 预置定时或计数的初值；③ 启动定时。定时到 TF 为 1，通过判断 TF 是否溢出，可以判断定时时间是否到。定时到，TF 置 0，重新设置定时器初值，判断 20 次循环是否到，到则延时 1s 到。程序框图如图 4-7 所示。

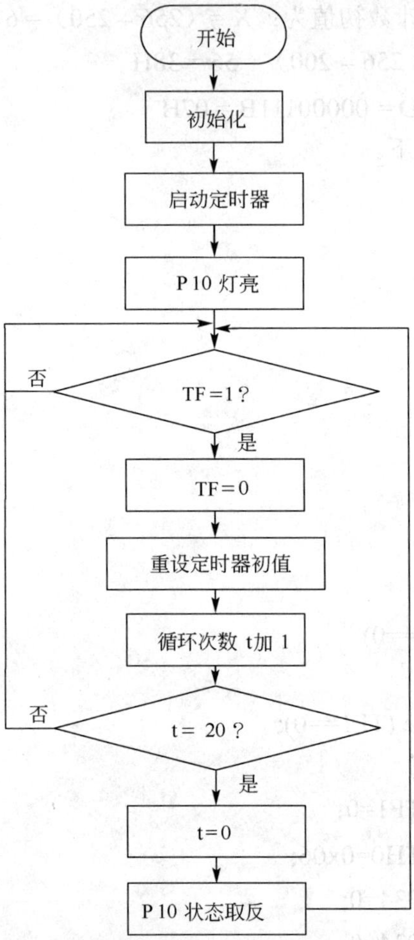

图 4-7　程序框图

（2）程序代码

根据程序框图，自己写出程序代码，参考如下。

```
#include <reg51.h> //包括一个 51 标准内核的头文件
#define uchar unsigned char
#define uint unsigned int
sbit P10 = P1^0;
void main(void) //  主程序
{
    unsigned char   t;
    P1=0x00;//初始化
    TMOD=0x01;//采用定时器 0 定时 50ms
    TH0 =0x3C;//设定时器初值
```

```
        TL0 = 0xB0;
        TR0 =1;//启动定时器
        P10=1;

        while(1) //主程序循环
           {
               while (TF0==0);//定时 50ms 到
                 {
                    TF0=0;//TF 用软件置 0
                    TH0 =0x3C;//重设定时器初值
                    TL0=0xB0;
                    t++;
                    if(t==20)
                     {
                          P10=~P10;
                          t=0;
                     }//延时 1s 到，P10 状态取反
                 }
           }
    }
```

4.1.4 任务拓展

① 试采用其他工作方式进行定时 1s。

② 将定时 1s 用子函数完成，设计子函数程序框图，并在主函数中调用子函数，完成上述功能。

任务 4-2 采用定时器中断让数码管循环显示 0~9

学习目标：

- 掌握中断的概念及应用；
- 掌握定时器中断的编程思路；
- 掌握 C 语言在单片机仿真系统中的简单应用。

4.2.1 工作任务

让一个数码管循环显示 0～9，期间时间间隔为 1s。延时 1s 采用定时器中断方式。

4.2.2 任务分析

4.2.2.1 硬件设计

一位数码管显示，P2.0 接数码管的位码，P0 接段码。可参考项目 2 中图 2-3，自己设计硬件电路图。

4.2.2.2 软件设计

根据任务要求，采用定时中断，设计主程序框图，如图 4-8 所示。

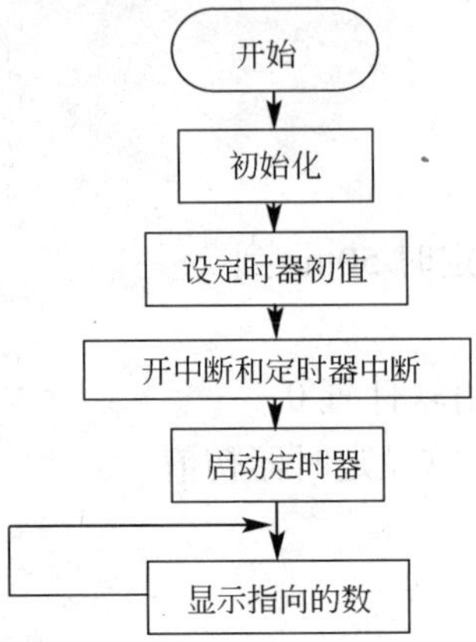

图 4-8　主程序框图

问题： 定时器中断如何编程？

理论知识点： 中断系统

中断系统是计算机的重要组成部分。实时控制、故障自动处理、计算机与外围设备间的数据传送往往采用中断系统。中断系统的应用大大提高了计算机效率。

（1）MCS-51 的中断系统

1）中断的概念　中断是通过硬件来改变 CPU 的运行方向。计算机在执行程序的过程中，当出现 CPU 以外的某种情况，由服务对象向 CPU 发出中断请求信号，要求 CPU 暂时中断当前程序的执行而转去执行相应的处理程序，待处理程序执行完毕后，再继续执行原来被中断的程序。这种程序在执行过程中由于外界的原因而被中间打断的情况称为“中断”。

“中断”之后所执行的相应的处理程序通常称之为中断服务或中断处理子程序，原来正常运行的程序称为主程序。主程序被断开的位置（或地址）称为“断点”。引起中断的原因，或能发出中断申请的来源，称为“中断源”。中断源要求服务的请求称为“中断请求”（或中断申请）。

调用中断服务程序的过程类似于调用子程序，其区别在于调用子程序在程序中是事先安排好的；而何时调用中断服务程序事先却无法确定，因为“中断”的发生是由外部因素决定的，程序中无法事先安排调用指令，因此，调用中断服务程序的过程是由硬件自动完成的。

2）中断的特点

① 分时操作　中断可以解决快速的 CPU 与慢速的外设之间的矛盾，使 CPU 和外设同时工作。CPU 在启动外设工作后继续执行主程序，同时外设也在工作，每当外设做完一件事就发出中断申请，请求 CPU 中断它正在执行的程序，转去执行中断服务程序（一般情况是处理输入输出数据），中断处理完之后，CPU 恢复执行主程序，外设也继续工作。这样，CPU 可启动多个外设同时工作，大大地提高了 CPU 的效率。

② 实时处理　在实时控制中，现场的各种参数、信息均随时间和现场而变化。这些外

界变量可根据要求随时向 CPU 发出中断申请，请求 CPU 及时处理，如中断条件满足，CPU 马上就会响应进行相应的处理，从而实现实时处理。

③ 故障处理　针对难以预料的情况或故障，如掉电、存储出错、运算溢出等，可通过中断系统由故障源向 CPU 发出中断请求，再由 CPU 转到相应的故障处理程序进行处理。

3）MCS-51 中断系统的结构框图　中断过程是在硬件基础上再配以相应的软件而实现的，不同的计算机其硬件结构和软件指令是不完全相同的，因此，中断系统也是不相同的。

MCS-51 中断系统的内部结构示意图如图 4-9 所示。

由图可知，与中断有关的寄存器有 4 个，分别为中断源寄存器 TCON 和 SCON、中断允许控制寄存器 IE 和中断优先级控制寄存器 IP。有中断源 5 个，分别为外部中断 0 请求 $\overline{\text{INT0}}$、外部中断 1 请求 $\overline{\text{INT1}}$、定时器 T0 溢出中断请求 TF0、定时器 T1 溢出中断请求 TF1 和串行中断请求 RI 或 TI。5 个中断源的排列顺序由中断优先级控制寄存器 IP 和顺序查询逻辑电路共同决定，5 个中断源分别对应 5 个固定的中断入口地址。

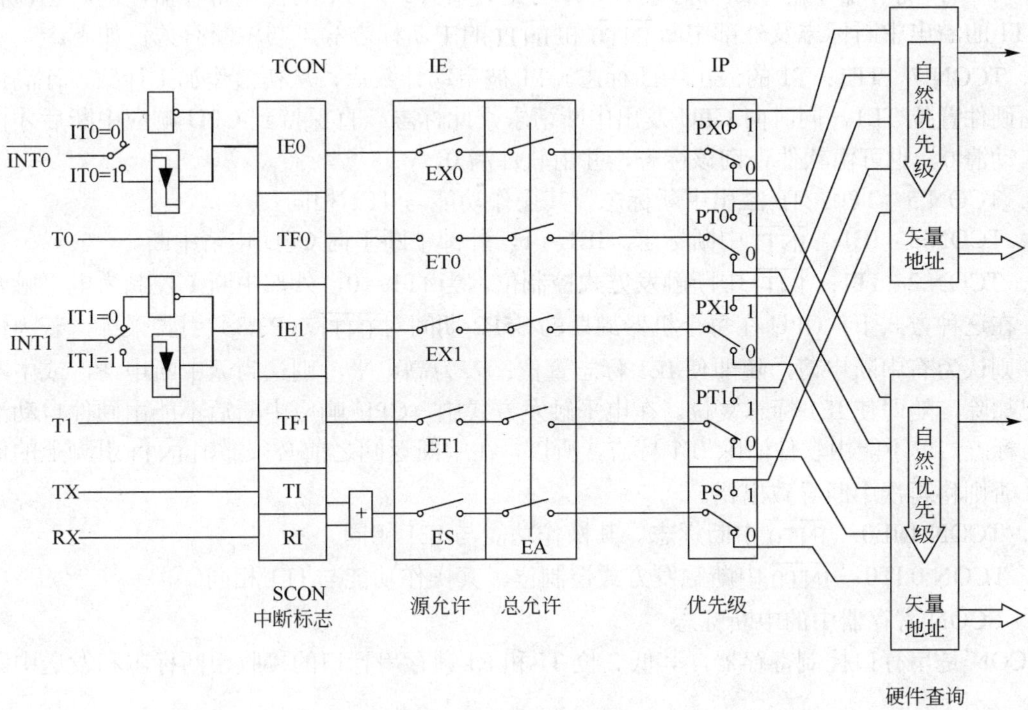

图 4-9　MCS-51 中断系统内部结构示意图

（2）中断源和中断标志

1）中断源　通常，计算机的中断源有如下几种。

① 一般的输入输出设备。如键盘、打印机等，它们通过接口电路向 CPU 发出中断请求。

② 实时时钟及外界计数信号。如定时时间或计数次数一到，则向 CPU 发出中断请求。

③ 故障源。当采样或运算结果溢出或系统掉电时，可通过报警、掉电等信号向 CPU 发出中断请求。

④ 为调试程序而设置的中断源。调试程序时，为检查中间结果或寻找问题所在，往往要求设置断点或进行单步工作（一次执行一条指令），这些人为设置的中断源的申请与响应均由中断系统来实现。

MCS-51 的 5 个中断源详述如下。

① $\overline{INT0}$：外部中断 0 请求，由 P3.2 脚输入。通过 IT0 脚（TCON.0）来决定是低电平有效还是下跳变有效。一旦输入信号有效，则向 CPU 申请中断，并建立 IE0 标志。

② $\overline{INT1}$：外部中断 1 请求，由 P3.3 脚输入。通过 IT1 脚（TCON.2）来决定是低电平有效还是下跳变有效。一旦输入信号有效，则向 CPU 申请中断，并建立 IE1 标志。

③ TF0：定时器 T0 溢出中断请求。当定时器 T0 产生溢出时，定时器 T0 中断请求标志位（TCON.5）置位（由硬件自动执行），请求中断处理。

④ TF1：定时器 T1 溢出中断请求。当定时器 T1 产生溢出时，定时器 T1 中断请求标志位（TCON.7）置位（由硬件自动执行），请求中断处理。

⑤ RI 或 TI：串行中断请求。当接收或发送完一串行帧时，内部串行口中断请求标志位 RI（SCON.0）或 TI（SCON.1）置位（由硬件自动执行），请求中断。

2）中断标志

① TCON 寄存器中的中断标志　TCON 为定时器 T0 和 T1 的控制寄存器，同时也锁存 T0 和 T1 的溢出中断标志及外部中断 $\overline{INT0}$ 和 $\overline{INT1}$ 的中断标志等。与中断有关位如下。

a．TCON.7　TF1：T1 的溢出中断标志。T1 被启动计数后，从初值作加 1 计数，计满溢出后由硬件置位 TF1，同时向 CPU 发出中断请求，此标志一直保持到 CPU 响应中断后才由硬件自动清 0。也可由软件查询该标志，并由软件清 0。

b．TCON.5　TF0：T0 溢出中断标志。其操作功能与 TF1 相同。

c．TCON.3　IE1：$\overline{INT1}$ 中断标志。IE1 = 1，外部中断 1 向 CPU 申请中断。

d．TCON.2　IT1：$\overline{INT1}$ 中断触发方式控制位。当 IT1 = 0，外部中断 1 控制为电平触发方式。在这种方式下，CPU 在每个机器周期的 S5P2 期间对 $\overline{INT1}$（P3.3）引脚采样，若为低电平，则认为有中断申请，随即使 IE1 标志置位；若为高电平，则认为无中断申请，或中断申请已撤除，随即使 IE1 标志复位。在电平触发方式中，CPU 响应中断后不能由硬件自动清除 IE1 标志，也不能由软件清除 IE1 标志，所以，在中断返回之前必须撤消 $\overline{INT1}$ 引脚上的低电平，否则将再次中断导致出错。

e．TCON.1 IE0：$\overline{INT0}$ 中断标志。其操作功能与 IE1 相同。

f．TCON.0 IT0：$\overline{INT0}$ 中断触发方式控制位。其操作功能与 IT1 相同。

② SCON 寄存器中的中断标志

SCON 是串行口控制寄存器，其低 2 位 TI 和 RI 锁存串行口的接收中断标志和发送中断标志。

a．SCON.1 TI：串行发送中断标志。CPU 将数据写入发送缓冲器 SBUF 时，就启动发送，每发送完一个串行帧，硬件将使 TI 置位。但 CPU 响应中断时并不清除 TI，必须由软件清除。

b．SCON.0 RI：串行接收中断标志。在串行口允许接收时，每接收完一个串行帧，硬件将使 RI 置位。同样，CPU 在响应中断时不会清除 RI，必须由软件清除。

8051 系统复位后，TCON 和 SCON 均清 0，应用时要注意各位的初始状态。

③ IE 寄存器中断的开放和禁止标志　计算机中断系统有两种不同类型的中断：一类称为非屏蔽中断，另一类称为可屏蔽中断。对非屏蔽中断，用户不能用软件的方法加以禁止，一旦有中断申请，CPU 必须予以响应。对可屏蔽中断，用户则可以通过软件方法来控制是否允许某中断源的中断，允许中断称中断开放，不允许中断称中断屏蔽。MCS-51 系列单片机的 5 个中断源都是可屏蔽中断，其中断系统内部设有一个专用寄存器 IE 用于控制 CPU 对各

中断源的开放或屏蔽。IE 寄存器各位定义如下。

a. IE.7 EA：总中断允许控制位。EA = 1，开放所有中断，各中断源的允许和禁止可通过相应的中断允许位单独加以控制；EA = 0，禁止所有中断。

b. IE.4 ES：串行口中断允许位。ES = 1，允许串行口中断；ES = 0，禁止串行口中断。

c. IE.3 ET1：定时器 T1 中断允许位。ET1 = 1，允许 T1 中断；ET1 = 0，禁止 T1 中断。

d. IE.2 EX1：外部中断 1（$\overline{\text{INT1}}$）中断允许位。EX1 = 1，允许外部中断 1 中断；EX1 = 0，禁止外部中断 1 中断。

e. IE.1 ET0：定时器 T0 中断允许位。ET0 = 1，允许 T0 中断；ET0 = 0，禁止 T0 中断。

f. IE.0 EX0：外部中断 0（$\overline{\text{INT0}}$）中断允许位。EX0 = 1，允许外部中断 0 中断；EX0 = 0，禁止外部中断 0 中断。

8051 单片机系统复位后，IE 中各中断允许位均被清 0，即禁止所有中断。

开中断过程是：首先开总中断，EA＝1，然后，开 T1 中断，ET1＝1。这 2 条位操作指令也可合并为 1 条字节指令：IE＝0x88。

④ IE 寄存器中断优先级标志　8051 单片机有两个中断优先级，每个中断源都可以通过编程确定为高优先级中断或低优先级中断，因此，可实现二级嵌套。同一优先级别中的中断源可能不止一个，也有中断优先权排队的问题。

专用寄存器 IP 为中断优先级寄存器，锁存各中断源优先级控制位，IP 中的每一位均可由软件来置 1 或清 0，且 1 表示高优先级，0 表示低优先级。其格式如下：

a. IP.4 PS：串行口中断优先控制位。PS = 1，设定串行口为高优先级中断；PS = 0，设定串行口为低优先级中断。

b. IP.3 PT1：定时器 T1 中断优先控制位。PT1 = 1，设定定时器 T1 中断为高优先级中断；PT1 = 0，设定定时器 T1 中断为低优先级中断。

c. IP.2 PX1：外部中断 1 中断优先控制位。PX1 = 1，设定外部中断 1 为高优先级中断；PX1 = 0，设定外部中断 1 为低优先级中断。

d. IP.1 PT0：定时器 T0 中断优先控制位。PT0 = 1，设定定时器 T0 中断为高优先级中断；PT0 = 0，设定定时器 T0 中断为低优先级中断。

e. IP.0 PX0：外部中断 0 中断优先控制位。PX0 = 1，设定外部中断 0 为高优先级中断；PX0 = 0，设定外部中断 0 为低优先级中断。

当系统复位后，IP 低 5 位全部清 0，所有中断源均设定为低优先级中断。

如果几个同一优先级的中断源同时向 CPU 申请中断，CPU 通过内部硬件查询逻辑，按自然优先级顺序确定先响应哪个中断请求。自然优先级由硬件形成，排列如下：

中断源	同级自然优先级
外部中断 0	最高级
定时器 T0 中断	↓
外部中断 1	↓
定时器 T1 中断	↓
串行口中断	最低级

如果只有一个中断源，没有必要设置优先级。如果程序中没有中断优先级设置指令，则中断源按自然优先级进行排列。实际应用中常把 IP 寄存器和自然优先级相结合，使中断的使用更加方便、灵活。

（3）中断处理过程

1）中断系统的功能

① 实现中断响应和中断返回　当CPU收到中断请求后，能根据具体情况决定是否响应中断，如果CPU没有更急、更重要的工作，则在执行完当前指令后响应这一中断请求。CPU中断响应过程如下：首先，将断点处的PC值（即下一条应执行指令的地址）推入堆栈保留下来，这称为保护断点，由硬件自动执行；然后，将有关的寄存器内容和标志位状态推入堆栈保留下来，这称为保护现场，由用户自己编程完成。保护断点和现场后即可执行中断服务程序，执行完毕，CPU由中断服务程序返回主程序。中断返回过程如下：首先恢复原保留寄存器的内容和标志位的状态，这称为恢复现场，由用户编程完成；然后，再加返回指令RETI，RETI指令的功能是恢复PC值，使CPU返回断点，这称为恢复断点。恢复现场和断点后，CPU将继续执行原主程序，中断响应过程到此为止。中断示意图如图4-10所示。

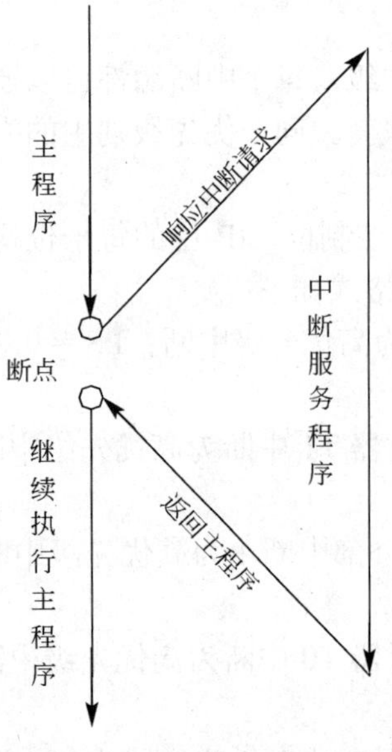

图4-10　中断响应过程流程图

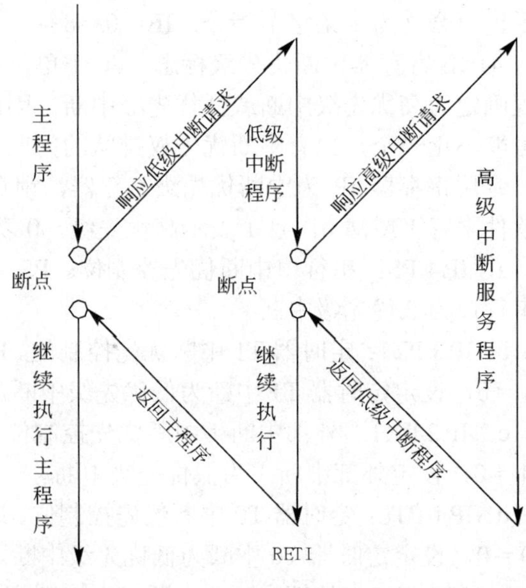

图4-11　中断嵌套流程图

② 实现优先权排队　通常，系统中有多个中断源，当有多个中断源同时发出中断请求时，要求计算机能确定哪个中断更紧迫，以便首先响应。为此，计算机给每个中断源规定了优先级别，称为优先权。这样，当多个中断源同时发出中断请求时，优先权高的中断能先被响应，只有优先权高的中断处理结束后才能响应优先权低的中断。计算机按中断源优先权高低逐次响应的过程称优先权排队，这个过程可通过硬件电路来实现，亦可通过软件查询来实现。

③ 实现中断嵌套　当CPU响应某一中断时，若有优先权高的中断源发出中断请求，则CPU能中断正在进行的中断服务程序，并保留这个程序的断点（类似于子程序嵌套），响应高级中断，高级中断处理结束以后，再继续进行被中断的中断服务程序，这个过程称为中断嵌套，其示意图如图4-11所示。如果发出新的中断请求的中断源的优先权级别与正在处理的中断源同级或更低时，CPU不会响应这个中断请求，直至正在处理的中断服务程序执行完以后才能去处理新的中断请求。

2）中断处理过程　中断处理过程可分为中断响应、中断处理和中断返回三个阶段。不同的计算机因其中断系统的硬件结构不同，因此，中断响应的方式也有所不同。这里仅以8051单片机为例进行叙述。

① 中断响应　中断响应是CPU对中断源中断请求的响应，包括保护断点和将程序转向中断服务程序的入口地址（通常称矢量地址）。CPU 并非任何时刻都响应中断请求，而是在中断响应条件满足之后才会响应。

a．中断响应条件。CPU响应中断的条件有：

ⅰ．有中断源发出中断请求；

ⅱ．中断总允许位EA＝1；

ⅲ．申请中断的中断源允许。

满足以上基本条件，CPU一般会响应中断，但若有下列任何一种情况存在，则中断响应会受到阻断：

ⅰ．CPU正在响应同级或高优先级的中断；

ⅱ．当前指令未执行完；

ⅲ．正在执行RETI中断返回指令或访问专用寄存器IE和IP的指令。

若存在上述任何一种情况，中断查询结果即被取消，CPU不响应中断请求而在下一机器周期继续查询，否则，CPU在下一机器周期响应中断。

CPU在每个机器周期的S5P2期间查询每个中断源，并设置相应的标志位，在下一机器周期S6期间按优先级顺序查询每个中断标志，如查询到某个中断标志为1，将在再下一个机器周期S1期间按优先级进行中断处理。

b．中断响应过程。中断响应过程包括保护断点和将程序转向中断服务程序的入口地址。首先，中断系统通过硬件自动生成长调用指令（LACLL），该指令将自动把断点地址压入堆栈保护（不保护累加器A、状态寄存器PSW和其他寄存器的内容），然后，将对应的中断入口地址装入程序计数器PC（由硬件自动执行），使程序转向该中断入口地址，执行中断服务程序。MCS-51系列单片机各中断源的入口地址由硬件事先设定，分配如下：

中断源	入口地址
外部中断0	0003H
定时器T0中断	000BH
外部中断1	0013H
定时器T1中断	001BH
串行口中断	0023H

使用时，通常在这些中断入口地址处存放一条绝对跳转指令，使程序跳转到用户安排的中断服务程序的起始地址上去。C51中已经在reg51.h头文件中对相应的中断赋予了相应的地址，不需要用户再书写起始地址，直接调用中断就可以。

② 中断处理　中断处理就是执行中断服务程序。中断服务程序从中断入口地址开始执行，到返回指令“RETI”为止，一般包括两部分内容，一是保护现场，二是完成中断源请求的服务。

通常，主程序和中断服务程序都会用到累加器A、状态寄存器PSW及其他一些寄存器，当CPU进入中断服务程序用到上述寄存器时，会破坏原来存储在寄存器中的内容，一旦中断返回，将会导致主程序的混乱，因此，在进入中断服务程序后，一般要先保护现场，然后，执行中断处理程序，在中断返回之前再恢复现场。

编写中断服务程序时还需注意以下几点。

a. 各中断源的中断入口地址之间只相隔 8 个字节，容纳不下普通的中断服务程序，因此，在中断入口地址单元通常存放一条无条件转移指令，可将中断服务程序转至存储器的其他任何空间。

b. 若要在执行当前中断程序时禁止其他更高优先级中断，需先用软件关闭 CPU 中断，或用软件禁止相应高优先级的中断，在中断返回前再开放中断。

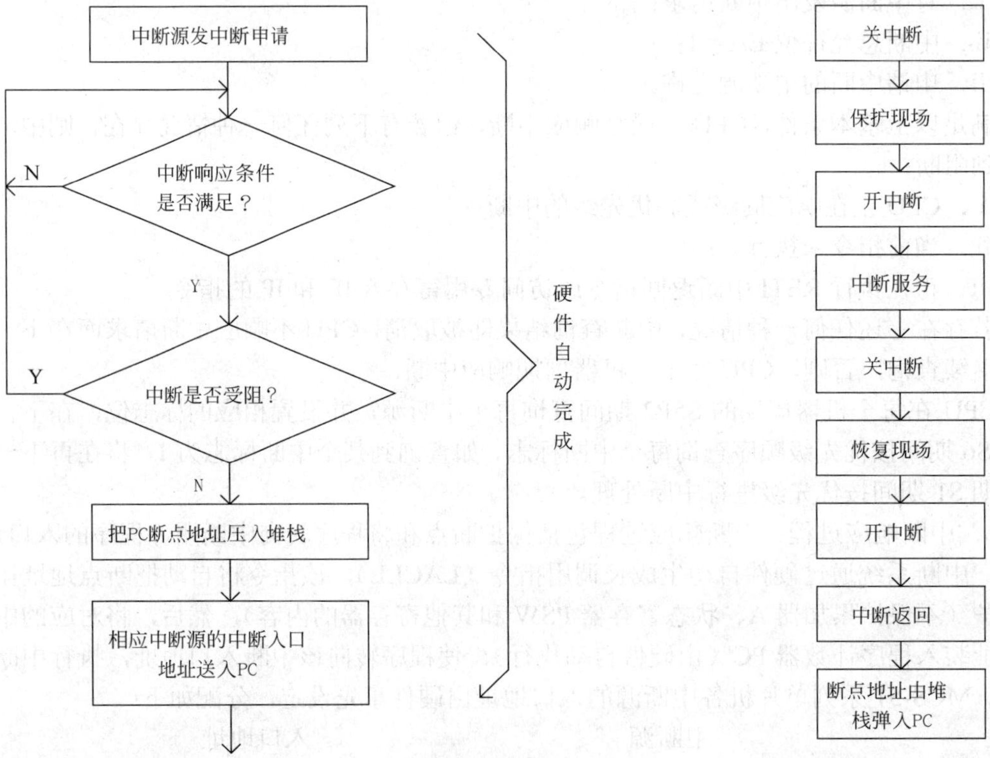

图 4-12　中断处理过程流程图

c. 在保护和恢复现场时，为了不使现场数据遭到破坏或造成混乱，一般规定此时 CPU 不再响应新的中断请求。因此，在编写中断服务程序时，要注意在保护现场前关中断，在保护现场后若允许高优先级中断，则应开中断。同样，在恢复现场前也应先关中断，恢复之后再开中断。

③ 中断返回　中断返回是指中断服务完后，计算机返回原来断开的位置（即断点），继续执行原来的程序。中断返回由中断返回指令 RETI 来实现。该指令的功能是把断点地址从堆栈中弹出，送回到程序计数器 PC，此外，还通知中断系统已完成中断处理，并同时清除优先级状态触发器。C51 已经将各种中断做成不同函数，调用中断函数时就不需要再使用 RETI 来返回主程序。中断处理过程如图 4-12 所示。

3）中断请求的撤除　CPU 响应中断请求后即进入中断服务程序，在中断返回前，应撤除该中断请求，否则，会重复引起中断而导致错误。MCS-51 各中断源中断请求撤消的方法各不相同，分别为如下所述。

① 定时器中断请求的撤除　对于定时器 0 或 1 溢出中断，CPU 在响应中断后即由硬件

自动清除其中断标志位 TF0 或 TF1，无需采取其他措施。

② 串行口中断请求的撤除　对于串行口中断，CPU 在响应中断后，硬件不能自动清除中断请求标志位 TI、RI，必须在中断服务程序中用软件将其清除。

③ 外部中断请求的撤除　外部中断可分为边沿触发型和电平触发型。

对于边沿触发的外部中断 0 或 1，CPU 在响应中断后由硬件自动清除其中断标志位 IE0 或 IE1，无需采取其他措施。

对于电平触发的外部中断，其中断请求撤除方法较复杂。因为对于电平触发外中断，CPU 在响应中断后，硬件不会自动清除其中断请求标志位 IE0 或 IE1，同时，也不能用软件将其清除，所以，在 CPU 响应中断后，应立即撤除 $\overline{INT0}$ 或 $\overline{INT1}$ 引脚上的低电平。否则，就会引起重复中断而导致错误。而 CPU 又不能控制 $\overline{INT0}$ 或 $\overline{INT1}$ 引脚的信号，因此，只有通过硬件再配合相应软件才能解决这个问题。图 4-13 是可行方案之一。

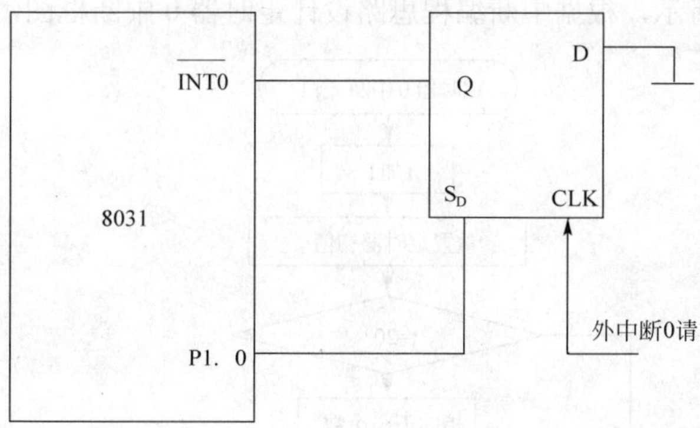

图 4-13　撤除外部中断请求的电路

由图可知，外部中断请求信号不直接加在 $\overline{INT0}$ 或 $\overline{INT1}$ 引脚上，而是加在 D 触发器的 CLK 端。由于 D 端接地，当外部中断请求的正脉冲信号出现在 CLK 端时，Q 端输出为 0，$\overline{INT0}$ 或 $\overline{INT1}$ 为低，外部中断向单片机发出中断请求。利用 P1 口的 P1.0 作为应答线，当 CPU 响应中断后，可在中断服务程序中采用两条指令：

```
P1=P1&0xFE
P1=P1||0x01
```

来撤除外部中断请求。第一条指令使 P1.0 为 0，因 P1.0 与 D 触发器的异步置 1 端 S_D 相连，Q 端输出为 1，从而撤除中断请求。第二条指令使 P1.0 变为 1，　$\overline{Q}$ ＝ 1，Q 继续受 CLK 控制，即新的外部中断请求信号又能向单片机申请中断。第二条指令是必不可少的，否则，将无法再次形成新的外部中断。

4）中断响应时间　中断响应时间是指从中断请求标志位置位到 CPU 开始执行中断服务程序的第一条指令所持续的时间。CPU 并非每时每刻对中断请求都予以响应，另外，不同的中断请求其响应时间也是不同的，因此，中断响应时间形成的过程较为复杂。以外部中断为例，CPU 在每个机器周期的 S5P2 期间采样其输入引脚 $\overline{INT0}$ 或 $\overline{INT1}$ 端的电平，如果中断请求有效，则置位中断请求标志位 IE0 或 IE1，然后在下一个机器周期再对这些值进行查询，这就意味着中断请求信号的低电平至少应维持 1 个机器周期。这时，如果满足中断响应条件，则 CPU 响应中断请求，在下一个机器周期执行一条硬件长调用指令“LACLL”，使程序转入中断矢量入口。该调用指令执行时间是 2 个机器周期，因此，外部中断响应时间至少需要 3

个机器周期，这是最短的中断响应时间。

如果中断请求不能满足前面所述的三个条件而被阻断，则中断响应时间将延长。例如一个同级或更高级的中断正在进行，则附加的等待时间取决于正在进行的中断服务程序的长度。如果正在执行的一条指令还没有进行到最后一个机器周期，则附加的等待时间为 1～3 个机器周期（因为一条指令的最长执行时间为 4 个机器周期）。如果正在执行的指令是 RETI 指令或访问 IE 的指令，则附加的等待时间在 5 个机器周期之内（最多用一个机器周期完成当前指令，再加上最多 4 个机器周期完成下一条指令）。

若系统中只有一个中断源，则中断响应时间为 3～8 个机器周期。

4.2.3 任务实施

（1）程序框图

主程序框图如图 4-8 所示，根据中断编程思路设计定时器 0 中断框图，如图 4-14 所示。

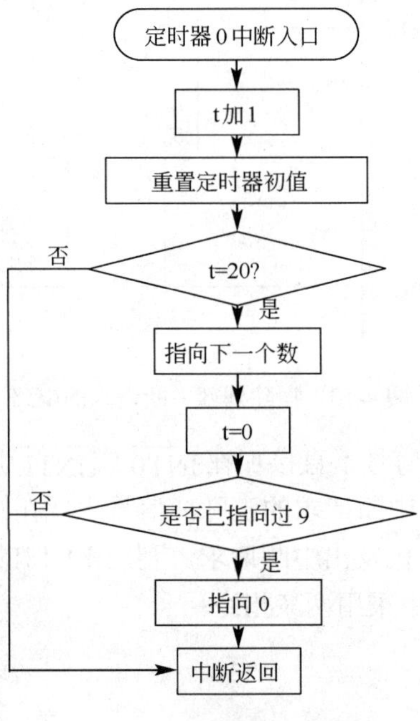

图 4-14　定时器 0 中断框图

（2）程序代码

根据硬件电路图和程序框图，请自行设计程序代码。可参考如下。

```
#include <reg51.h> //包括一个 51 标准内核的头文件
#define uchar unsigned char
#define uint unsigned int
uchar t,ledi;
unsigned char code ledp[ ]={0X3F, 0X06,0X5B, 0X4F,0X66, 0X6D, 0X7D, 0X07, 0X7F,
0X6F};//段码表

void main(void) // 主程序
{
```

```
        t=0;
        ledi=0;
        TMOD=0x01;//
        TH0 =0x3C;//设定时器初值
        TL0= 0xB0;
        EA=1;//开总中断
        ET0=1;// 开定时器 0 中断
        TR0 =1;// 启动定时器
        P2=0xfe;//初始化，选通一个数码管位码
        while(1) //主程序循环
        {
            P0=ledp[ledi];//显示当前的数
        }

}



void timer0() interrupt 1//定时器 0 中断为 1
{
     t++;//定时器 0 定时 50ms 到，t 增 1
    TH0 =0x3C;//重置定时器 0 初值
    TL0 = 0xB0;
    if(t==20) //溢出 20 次就是 1s
        {
ledi++;//指向下一个数
            t=0;
            if(ledi==9)
            {ledi=0;}//已经显示最后一个数 9 后，则返回 0
    }

}
```

任务 4-3　采用外部中断进行计数

学习目标：

- 掌握中断的概念及应用；
- 掌握外部中断的编程思路；
- 掌握 C 语言在单片机仿真系统中的简单应用。

4.3.1 工作任务

利用外部中断 0 进行计数，按键一次，计数一次。要求下降沿触发。

4.3.2 任务分析

4.3.2.1 硬件设计

P0 接数码管位码，P2 接数码管段码，6 位数码管采用动态显示，采用外部中断 0，硬件电路如图 4-15 所示。

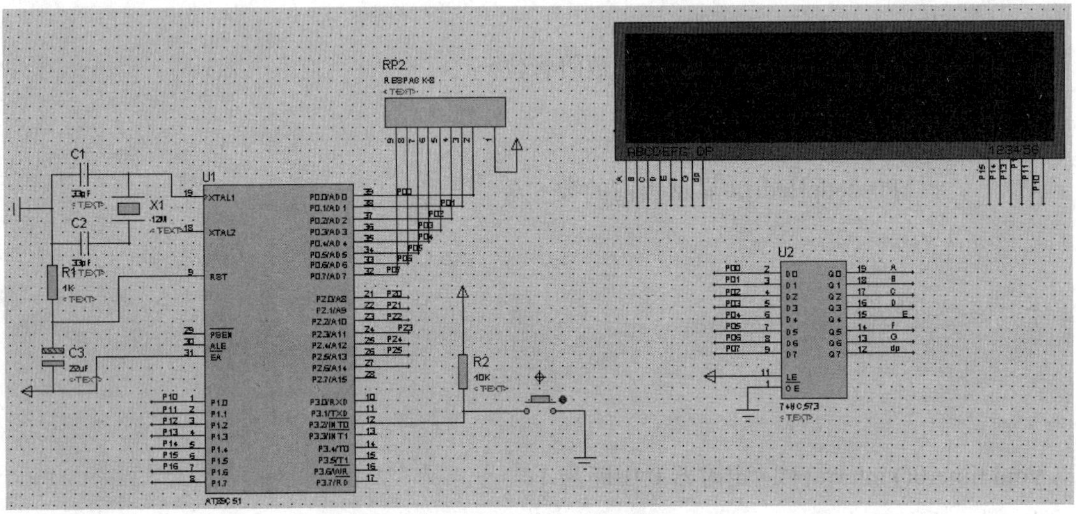

图 4-15 硬件电路

4.3.2.2 软件设计

根据任务要求，采用外部中断进行计数，设计主程序框图，如图 4-16 所示。

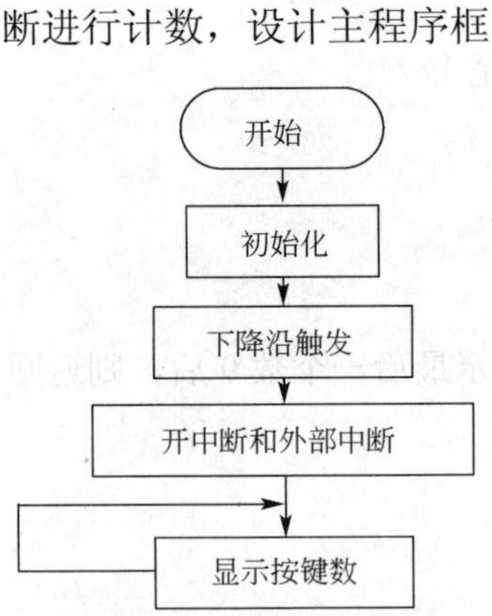

图 4-16 主程序框图

问题：如何使用外部中断源？如何编写外部中断服务程序？

理论知识点：外部中断源

（1）外部中断源

① 外部中断 0（$\overline{INT0}$）的中断请求信号由引脚 P3.2 输入。

② 外部中断 1（$\overline{INT1}$）的中断请求信号由引脚 P3.3 输入。

（2）开中断，包括开总中断和外部中断

相应的 IE 寄存器如下：

EA			ES	ET1	EX1	ET0	EX0

EA 为总中断，EX0、EX1 为外部中断 0、外部中断 1。

（3）定时器/计数器控制寄存器

TF1	TR1	TF0	TR0	IE1	IT1	IE0	IT0

其中 IE 为外部中断请求标志位。IT 为外部中断触发方式控制位，例 IT1=1，外部中断 1 为边沿触发方式，下降沿触发。IT1＝0，外部中断 1 为低电平触发方式，认为有中断申请，使 IE1 置位，CPU 相应中断后，不能由硬件或软件清除 IE1 标志，在中断返回之前必须撤消 $\overline{\text{INT1}}$ 的低电平。

4.3.3 任务实施

（1）程序框图

主程序框图如图 4-16 所示，根据外部中断源编程思路设计外部中断源 0 程序框图，如图 4-17 所示。

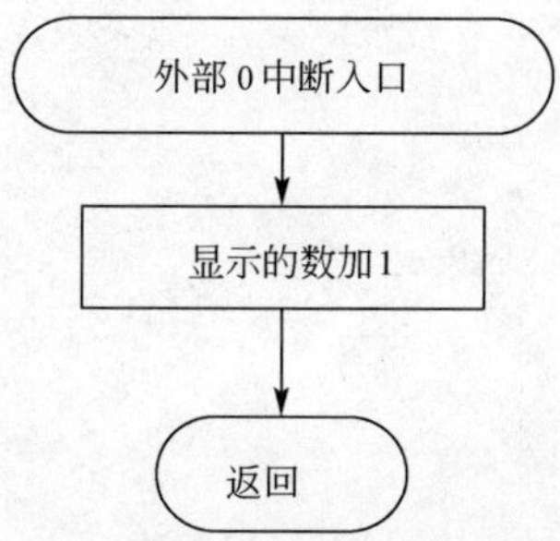

图 4-17　外部中断 0 程序框图

（2）程序代码

根据硬件电路图和程序框图，请自行设计程序代码。可参考如下。

```
#include <reg51.h> //包括一个 51 标准内核的头文件
#define uchar unsigned char
#define uint unsigned int

uint t,x,y;
long int shu;
char code ledp[ ]={0XC0, 0XF9,0XA4, 0XB0,0X99, 0X92, 0X82, 0XF8, 0X80, 0X90};

void xianshi(long int mm)
{
   uchar ge,shi,bai,qia,wan,wanshi;
   wanshi=shu/100000;
   wan=mm%100000/10000;
   qia=mm%10000/1000;
   bai=mm%1000/100;
   shi=mm%100/10;
```

```
    ge=mm%10;
    P1=0x01;
    P0=ledp[ge];
    Delay1ms(3);
    P1=0x02;
    P0=ledp[shi];
    Delay1ms(3);
    P1=0x04;
    P0=ledp[bai];
    Delay1ms(3);
    P1=0x08;
    P0=ledp[qia];
    Delay1ms(3);
    P1=0x10;
    P0=ledp[wan];
    Delay1ms(3);
    P1=0x20;
    P0=ledp[wanshi];
    Delay1ms(3);
}
void main(void) //  主程序
{

    shu=123456;
    EA=1;
    EX0=1;
    IT0 =1;
    while(1) //主程序循环
    {
          xianshi(shu);
    }
}

//外部中断计数
EXX0 ()     interrupt 0
{
 shu++;
}
```

4.3.4 任务拓展

（1）如何扩展外部中断源

MCS-51 单片机有两个定时器，具有两个内中断标志和外计数引脚，如在某些应用中不被使用，则它们的中断可作为外部中断请求使用。此时，可将定时器设置成计数方式，计数初值可设为满量程，则它们的计数输入端 T0（P3.4）或 T1（P3.5）引脚上发生负跳变时，计数器加 1 便产生溢出中断。利用此特性，可把 T0 脚或 T1 脚作为外部中断请求输入线，而计数器的溢出中断作为外部中断请求标志。

自学：① 利用定时器/计数器扩展外部中断源；

② 采用中断和查询结合的方法扩展外部中断源。

（2）任务要求

请用外部中断扩展完成硬件电路的设计和程序的编写。注意定时器初始化（工作方式、初值）及开定时中断、定时中断程序的编写。

任务 4-4　以人为本的交通灯设计

学习目标：

- 能灵活应用单片机 C 语言进行定时程序的编写；
- 能灵活应用中断设计硬件电路、编写程序完成实际任务要求；
- 掌握 C 语言在单片机仿真系统中的综合应用。

4.4.1　工作任务

东西方向为放行线，绿灯亮 xs，东西方向为警告线，黄灯亮 ys，此时南北方向为红灯亮（x+y）s。反之亦然。遇到紧急情况，能控制单向放行/禁行或全通行。

4.4.2　任务实施

（1）硬件电路

P0 口接交通灯，P1.0、P1.1、P1.2 接按键，通过 74LS15 单片机外部中断 0，能够处理紧急情况的单向通行和全部放行，硬件电路如图 4-18 所示。

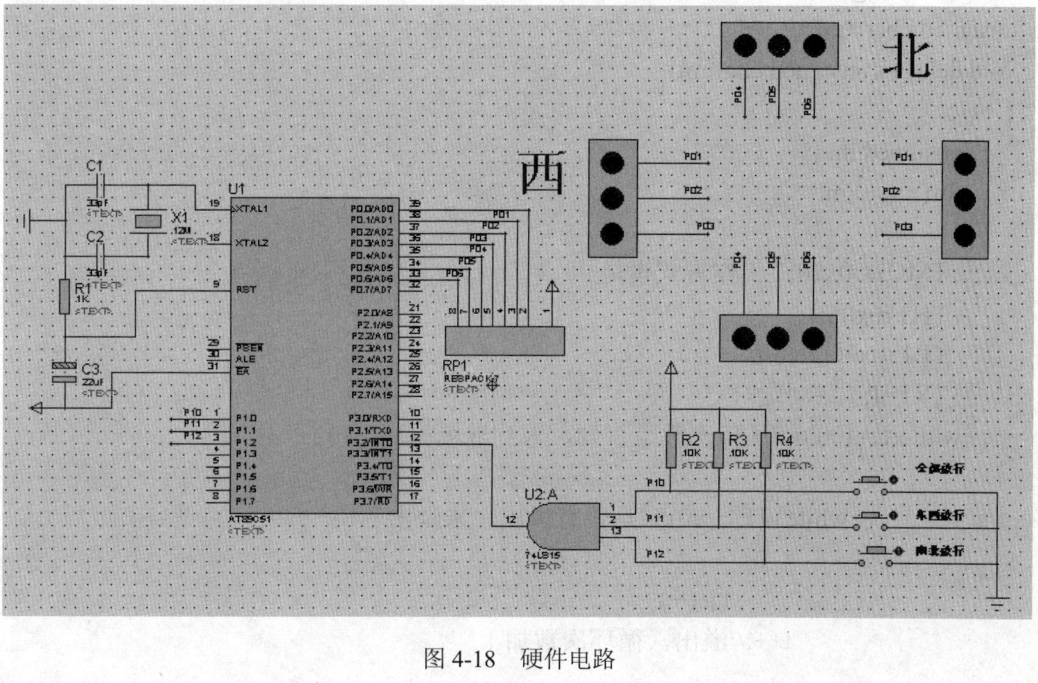

图 4-18　硬件电路

（2）程序框图

根据任务要求，自行设计程序框图，参考图 4-19 和图 4-20 所示。

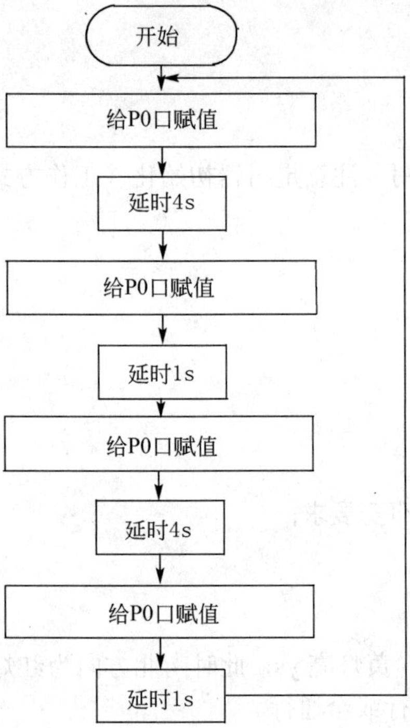

图 4-19　主程序框图

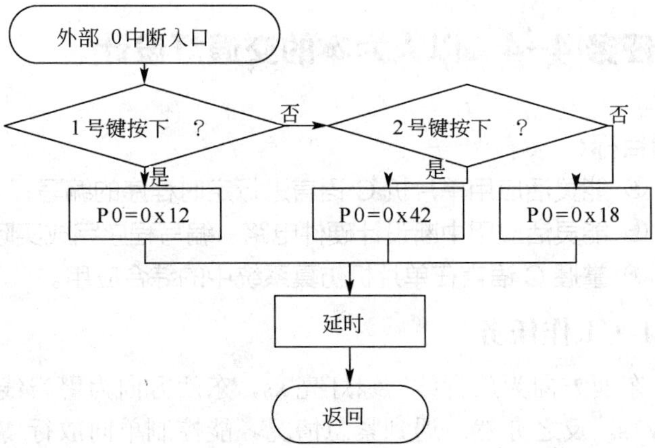

图 4-20　外部中断程序框图

（3）程序代码

根据硬件电路图和程序框图，请自行设计程序代码。可参考如下。

```
 #include <reg51.h>
unsigned char *ptr,i;
void delay1s(unsigned char mt)
{
    unsigned int t;
    for(;mt>0;mt--)
     {
     TMOD=0x20; //工作方式设定
     TH1=0x06;
     TL1=0x06; //初值
     TR1=1; //启动定时
    while(t!=4000) //循环次数是否到，未到继续循环
       {
             while (TF1==0); //是否有溢出，未溢出等待
                  {
                      TF1=0;
                  t++;//溢出，循环次数加 1
```

```
                }
            }
            t=0;
        }
}

void main()
{
        TMOD=0x20; //工作方式设定
        TH1=0x06;
        TL1=0x06; //初值
       EA=1;//开中断
       ET0=1;
       //TR0 =1;
       EX0=1;
       IT0=1;
       P1=0xff;
       while(1)
       {
           P0=0x42;
           delay1s(4);
           P0=0x44;
           delay1s(1);
           P0=0x18;
           delay1s(4);
           P0=0x28;
           delay1s(1);
       }
}

ex0()     interrupt 0
{
       unsigned char temp;
       temp=P1&0xff;
       if(temp!=0xff)
       {
           Delay1ms(5);
           temp=P1&0xff;
             switch(temp)
           {
```

```
                case 0xfe:P0=0x12;
                break;
                case 0xfd:P0=0x42;
                break;
                case 0xfb:P0=0x18;
                break;
            }
        }
        delay1s(4);
    }
```

项目小结

MCS-51 单片机内部有两个可编程定时器/计数器 0 和 1，每个定时器/计数器有 4 种工作方式：方式 0～3。方式 0 为 13 位的定时器/计数器；方式 1 是 16 位的定时器/计数器；方式 2 是初值重载的定时器/计数器；方式 3 只适用于定时器 0，将定时器 0 分为两个独立的定时器/计数器，定时器 1 作为串行接口波特率发生器。对定时器/计数器的编程包括方式寄存器、初值及控制寄存器。

中断指当机器正在执行程序的过程中，一旦遇到某些特殊情况，暂停正在执行的程序，转入中断服务子程序，处理完毕再返回原来被停止程序的间断点继续执行。引起中断的原因称为中断源。MCS-51 共有 5 个中断源：外部中断 0、定时器中断 0、外部中断 1、定时器中断 1、串行口中断。中断请求的优先级由用户编程和内部优先级共同决定。中断编程包括中断入口设置、中断优先级设置、中断开放和关闭、中断子程序等。

任务 4-4 将中断、按键、显示结合起来，可以更好地理解中断的概念及应用。

提 高 篇

基础篇是基于 Proteus ISIS 仿真软件设计的 C51 程序开发，既节约成本，又起到了每个同学都能随时随地，方便地进行 C51 单片机基础知识的学习和开发。但对于开发项目而言，仅仿真篇缺乏实战经验，以下将在实战中学习 C51 单片机的综合应用。

项目 5　智能窗户的设计与实现

项目背景：近年来，随着物联网技术的迅速发展，智能家居成为家庭信息化和社会信息化发展的重要组成部分，智能家居强调人的主观能动性，重视人与居住环境的协调，能够随心所欲地控制居住环境。智能家居控制系统的应用让人们在家中能够享受到更安全、更舒适、更方便的生活，并且生活的环境更加符合环保要求。而现代家居中，窗户具有良好装饰、采光和阻挡灰尘的作用，是建筑必不可少的一个组成部分。智能窗户控制系统的设计思想也就在这种形势下应运而生。

客户要求：设计一个智能窗户控制系统，完成对安装在窗户玻璃雨刮器上的直流电机的控制，使得雨刮器能够上下运行清除玻璃上的灰尘和污物；完成对安装在窗户窗帘上的步进电机的控制，实现窗帘的拉上和打开。

项目分析：根据以上要求，将任务分为三个阶段：①、让直流电机转起来；②、让步进电机转起来；③、实现整体设计效果，设计一个智能的窗户控制系统，实现单片机控制直流电机和步进电机的综合应用。

产品整体结构建议如图 5-1 所示。实物如图 5-2 所示。

具体程序设计和电路设计将在接下来的任务中给出。

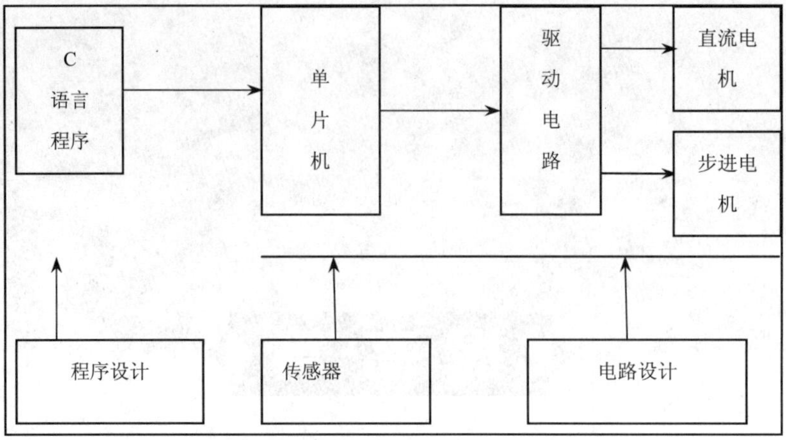

图 5-1　项目整体设计框架

图 5-2　实物图

任务 5-1　让直流电机转起来

学习目标：

- 熟练掌握直流电机的工作和控制原理；
- 会编写 PWM 程序对直流电机进行调速；
- 能看懂简单的直流电机驱动电路。

5.1.1 工作任务

8051 单片机 P1.0 输出 PWM 脉冲，P2.0、P2.1、P2.2 分别接 K1、K2、K3 按键，当按下这三个键时，直流电机分别按占空比 10%、50%、90%转动，实现对直流电机速度的控制。通过该任务的完成，使学生掌握如何使用 PWM 的方法控制直流电机的转速和直流电机与单片机的接口电路的设计和编程。

5.1.2 任务咨询

（1）直流电机简介

直流电机是电机的主要类型之一。直流电机的调速范围宽广，调速特性平滑，过载能力较强，热动和制动转矩较大。当然由于存在换向器，其制造复杂，价格较高。由于其具有良好的调速性能，在许多调速性能要求较高的场合，仍得到广泛使用。直流电机结构如图 5-3 所示。

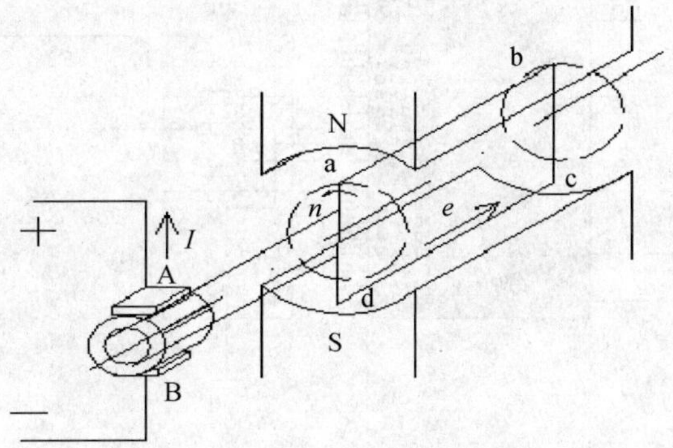

图 5-3 直流电机结构

对于同一电机，转速只与所加的电压大小有关，而转动的方向与所加电压的极性有关。

（2）PWM 控制原理

PWM（脉宽调制）是单片机上常用的模拟量输出方法，通过外接的转换电路，可以将占空比不同的脉冲转变成不同的电压，驱动直流电机转动从而得到不同的转速。其中占空比就是指输出的 PWM 波形中，高电平保持的时间与该 PWM 的时钟周期的时间之比。例如 1 个 PWM 波形的频率是 1000Hz,即它的时钟周期是 1000μs，若在这个时钟周期内，高电平出现的时间是 200μs，那么低电平的时间肯定是 800μs，那么占空比就是 200∶1000，等于 1∶5（20%）。

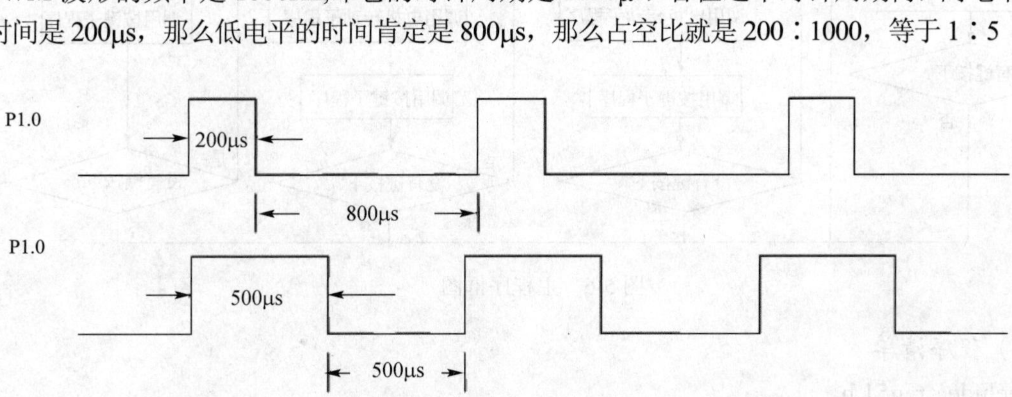

图 5-4 占空比 20%和 50%的 PWM 波形

如图 5-4 所示， P1.0 口输出占空比为 20%和 50%的 PWM 波形，通过转换电路，后者的输出电压要大于前者。本任务中就是通过调整输出脉冲的占空比来调节输出模拟电压，从而控制直流电机速度的。

5.1.3 操作步骤

（1）硬件电路设计和程序测试

按照任务要求，硬件电路图设计如图 5-5 所示.

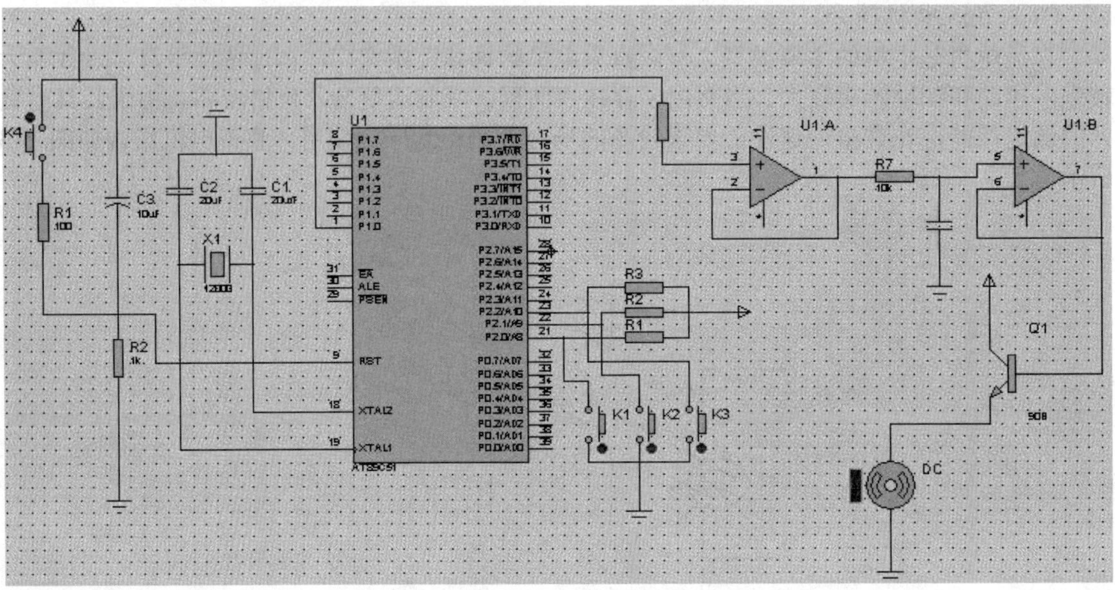

图 5-5　硬件电路

（2）主程序框图（见图 5-6）

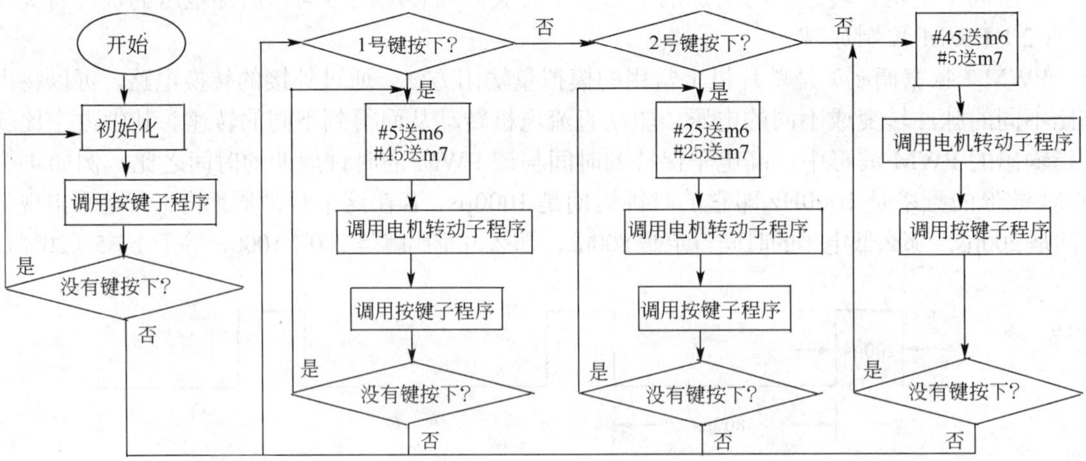

图 5-6　主程序框图

（3）程序清单

```
#include <reg51.h>
#include <intrins.h>
```

```
#include <stdio.h>
#define uchar unsigned char
#define uint unsigned int
sbit P10=P1^0;
sbit P20=P2^0;
sbit P21=P2^1;
sbit P22=P2^2;

void Delay2us(uchar x)
{
     for(;x>0;x--);
}

void Delay1ms(uchar x)
{
}


uchar anjian()
{
     uchar   jj;
     jj=0;
     P2=0xff;
     if(P20==0)//判断键是否按下
     {
          Delay1ms(10);
          if(P20==0)//延时消抖
          {
          jj=1;//键按下，jj 为 1
          while(!P20);
          Delay1ms(10);
          while(!P20);//松手去抖
          }
     }

     if(P21==0)//判断键是否按下
     {
          Delay1ms(10);
          if(P21==0)//延时消抖
```

```
            {
            jj=2;//键按下，jj 为 2
            while(!P21);
            Delay1ms(10);
            while(!P21);//松手去抖
            }
        }
        if(P22==0)//判断键是否按下
        {
            Delay1ms(10);
            if(P22==0)//延时消抖
            {
            jj=3;//键按下，jj 为 3
            while(!P22);
            Delay1ms(10);
            while(!P22);//松手去抖
            }
        }

    return   jj;//返回值

}

void DCMotor(uchar mm6,mm7)
{
    P10=0;
    Delay2us(mm6);
    P10=1;
    Delay2us(mm7);
}

void main()
{
    uchar tt,m6,m7;
    tt=anjian();
    while(tt==0)
    {
        tt=anjian();
    }
```

```
while(1)
{
    if(tt==1)
    {
            m6=5;
            m7=45;
            DCMotor(m6,m7);
        tt=anjian();
            while(tt==0)
        {
            tt=anjian();
        }
    }

    else if(tt==2)
    {
            m6=25;
            m7=25;
            DCMotor(m6,m7);
        tt=anjian();
            while(tt==0)
        {
            tt=anjian();
        }
    }
    else
    {
            m6=45;
            m7=5;
            DCMotor(m6,m7);
        tt=anjian();
            while(tt==0)
        {
            tt=anjian();
        }
    }
}
```

}

程序说明：本程序中设定的周期为 100μs，则根据任务要求，P1.0 口产生的 PWM 占空比时间分配如下表所示：

高电平	低电平	占空比	对应按键
10μs	90μs	10%	K1
50μs	50μs	50%	K2
90μs	10μs	90%	K3

（4）思考与练习

① 直流电机的转动方向如何控制？

② 在本任务的基础上设计并修改程序，将直流电机的转速通过数码管显示出来。

任务 5-2　让步进电机转起来

学习目标：

- 熟练掌握步进电机的工作和控制原理；
- 会编写程序精确调整步进电机的转动角度、速度和方向；
- 会设计简单的步进电机驱动电路。

5.2.1　工作任务

用 8051 单片机的 P1.0~P1.3 作为输出，P2.0 接 K1 按键，P2.1 接 K2 按键，P2.2 接 K3 按键，ULN2003 作为步进电机驱动芯片，当 K1 键按下时，电机正转三圈，当 K2 键按下时，电机反转 72°，当 K3 键按下时，电机停止运转；通过该任务的完成，了解步进电机的运行原理和掌握单片机控制步进电机的程序设计方法。

5.2.2　任务咨询

5.2.2.1　步进电机控制原理和方法

步进电机又称数字电机，是一种特殊的直流电机，它是一种将电脉冲转化为角位移的执行机构，广泛应用在自动控制的精确定位中。步进驱动器接收到一个脉冲信号，它就驱动步进电机按设定的方向转动一个固定的角度(称为“步距角”)，它的旋转是以固定的角度一步一步运行的，即步进电机能直接接收数字量的控制，所以非常适合用单片机进行控制。

具体控制方法如下。

（1）通过控制脉冲个数来控制角位移量，从而达到准确定位的目的

步进电机与直流电机不同，它的转速是可以一次性准确控制的。我们采用的步进电机，步距角为 0.9°/1.8°。在 4 相 8 拍的工作方式下，每步的转角为 0.9°。因此，步进电机每转一圈，就走了 400 步。

改变“设置移动距离”，电机每转一圈，则移动的直线距离为 S1=2*PI*R(即周长)；

即可算出电机每一步移动的距离 $S_2=S_1/400$=PI*R/200;如果要移动距离 S，则需要的步数为

$$M = \frac{S}{S_2} = \frac{200 * S}{PI * R}$$

对于既定的半径值来说，步数只与移动的距离成正比；在本任务中取 $R = \frac{5}{PI}$,故 $M = 40S$。

（2）通过控制脉冲频率来控制电机转动的速度和加速度，从而达到调速的目的

如果给定步进电机一个控制脉冲，它就转一步，再发一个控制脉冲，它就会再转一步。两个脉冲的间隔时间越短，步进电机就转得越快。因此，脉冲的频率决定了步进电机的转速。调整单片机发出脉冲的频率，就可以对步进电机进行调速。 调整单片机输出的步进脉冲频率的方法如下。

① 软件延时方法　改变延时的时间长度就可以改变输出脉冲的频率，但这种方法使CPU长时间等待，无法进行其他工作，因此没有实用价值。在单独进行步进电机的演示时可以采用。

② 定时器中断方法　在中断服务子程序中进行脉冲输出操作，调整定时器的定时常数就可以实现调速。这种方法占用CPU时间较少，是一种比较实用的调速方法。

用单片机对步进电机进行速度控制，实际上就是控制每次换相的时间间隔。升速时，使脉冲频率逐渐升高，降速时则相反。

③ 通过改变脉冲的顺序改变步进电机的转动方向

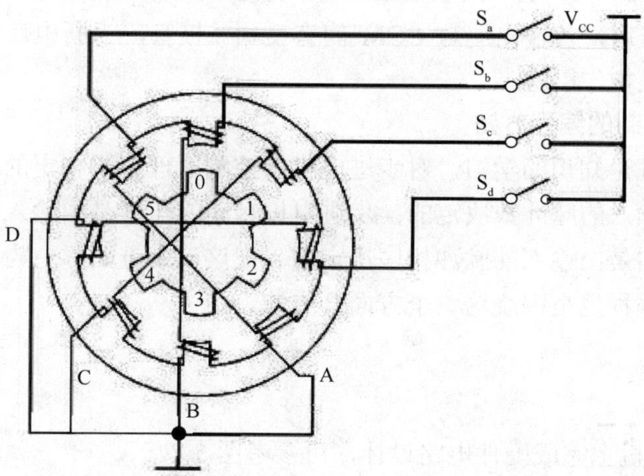

图 5-7　四相反应式步进电机结构原理图

如图 5-7 所示，四相反应式步进电机主要由定子和转子组成，在定子上均匀分布有 8 个磁极，磁极和磁极之间的夹角是 45°，每个磁极上均绕有线圈，每两个相对绕组组成一相，共组成 A、B、C、D 四相。步进电机转子上没有绕线圈，如图中只有 6 个齿，转子齿与齿之间的夹角（齿距角）为 60°。

当依次接通 S_a、S_b、S_c、S_d 开关，A、B、C、D 四相依次得电，即使得线圈的通电顺序依次为 A—B—C—D—A,来一个脉冲电信号就是一拍或一步，这种通电方式称为四相四拍通电方式，拍数通常等于相数或相数的整数倍。

在四相四拍方式下，当 A 相通电，B、C、D 相不通电时，由于磁场作用，齿 1 与 A 对齐。紧接着 B 相通电，A、C、D 相不通电时，齿 2 应与 B 对齐，以此类推。

四相步进电机的工作方式如下。

四相四拍工作方式：电机控制绕组 A、B、C、D 相的正转通电顺序为 A→B→C→D→A；反转的通电顺序为：A→D→C→B→A。

四相八拍工作方式：正转绕组的通电顺序为 A→AB→B→BC→C→CD→D→DA→A；反转绕组的通电顺序为 A→AD→D→DC→C→CB→B→BA→A。

双四拍的工作方式：正转绕组通电顺序为 AB→BC→CD→DA；反转绕组通电顺序为 DA→CD→BC→AB。

对于图 5-8，要使步进电机工作在四相八拍工作方式下正转，则应依次给 P2 口送 0x01→0x03→0x02→0x06→0x04→0x0c→0x08→0x09→0x01，反转则依次送 0x01→0x09→0x08→0x0c→0x04→0x06→0x02→0x03→0x01。

步进电机作为一种控制用的特种电机，利用其没有积累误差(精度为 100%)的特点，广泛应用于各种开环控制。

现在比较常用的步进电机包括反应式步进电机（VR）、永磁式步进电机（PM）、混合式步进电机（HB）和单相式步进电机等。

5.2.2.2 步进电机的控制接口电路

硬件由单片机、ULN2003、步进电机组成。单片机产生驱动信号，经过 ULN2003 放大输出到步进电机。ULN2003 是一大电流驱动器，为达林顿管阵列电路，可输出 500mA 电流，同时起到电路隔离作用，各输出端与 COM 间有反相二极管，为断电后的电机绕组提供一个放电回路，起放电保护作用。

5.2.2.3 步进电机控制的编程方法

通过前面基础理论知识的学习，对步进电机的控制原理有了一定的了解，知道了步进电机转动的角度是由输入的脉冲数决定的；步进电机转动的速度是由输入的脉冲频率决定的；步进电机转动的方向是由输入的脉冲相序决定的。把这三个方面称之为步进电机控制的三要素，对步进电机的编程也是围绕这三个方面开展的。

5.2.3 操作步骤

（1）硬件电路

在 51 系列单片机上完成硬件电路设计，可参考图 5-8。

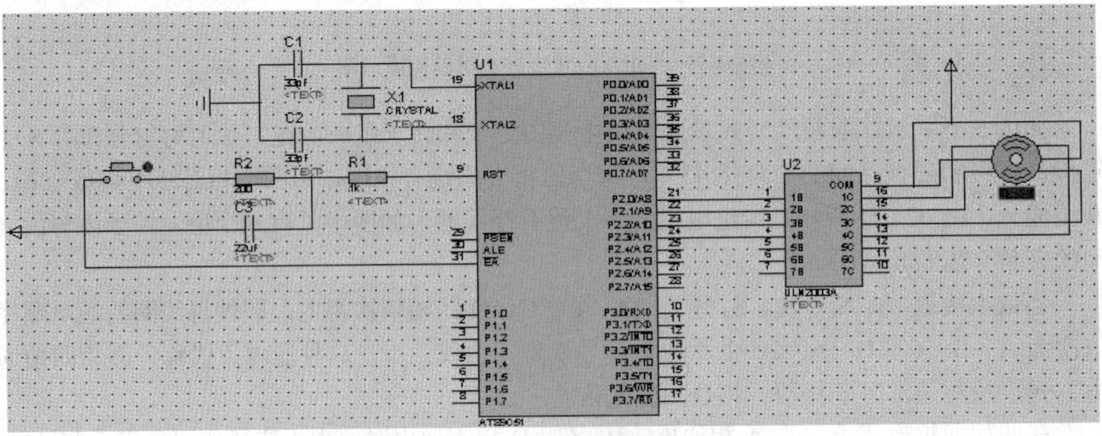

图 5-8　步进电机控制接口电路

（2）主程序框图（见图 5-9）

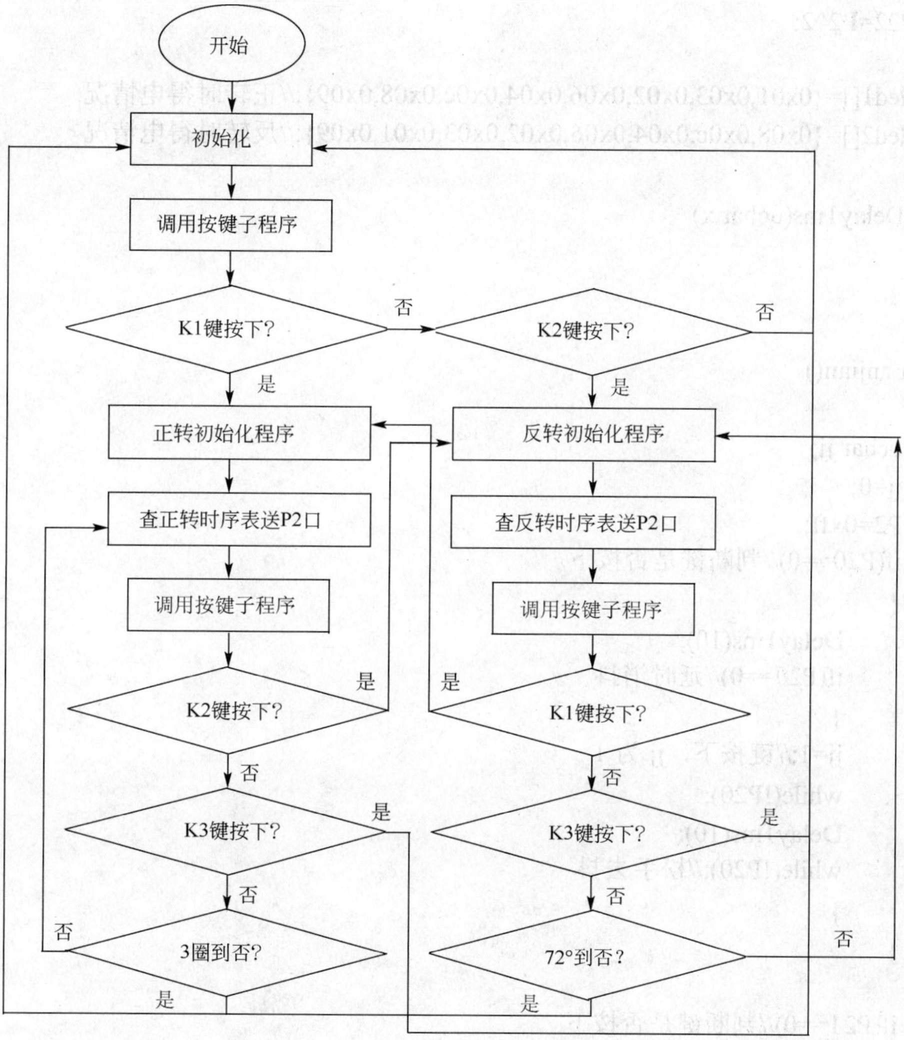

图 5-9　主程序框图

（3）程序清单

```
/**************************************************************
P2.0～P2.2 接按键，P2.0 接 K1 按键，P2.1 接 K2 按键，P2.2 接 K3 按键，
ULN2003 作为步进电机驱动芯片，当 K1 键按下时，电机正转三圈，
当 K2 键按下时，电机反转 72°，当 K3 键按下时，电机停止运转；P1 接步进电机
**************************************************************/
#include <reg51.h>
#include <intrins.h>
#include <stdio.h>
#define uchar unsigned char
#define uint unsigned int
```

```
sbit P20=P2^0;
sbit P21=P2^1;
sbit P22=P2^2;

char led1[]={0x01,0x03,0x02,0x06,0x04,0x0c,0x08,0x09};//正转时得电情况
char led2[]={0x08,0x0c,0x04,0x06,0x02,0x03,0x01,0x09};//反转时得电情况

void Delay1ms(uchar x)
{
}

uchar anjian()
{
    uchar jj;
    jj=0;
    P2=0xff;
    if(P20==0)//判断键是否按下
    {
        Delay1ms(10);
        if(P20==0)//延时消抖
        {
        jj=1;//键按下，jj 为 1
        while(!P20);
        Delay1ms(10);
        while(!P20);//松手去抖
        }
    }

    if(P21==0)//判断键是否按下
    {
        Delay1ms(10);
        if(P21==0)//延时消抖
        {
        jj=2;//键按下，jj 为 2
        while(!P21);
        Delay1ms(10);
        while(!P21);//松手去抖
        }
    }
    if(P22==0)//判断键是否按下
    {
        Delay1ms(10);
        if(P22==0)//延时消抖
```

```
            {
            jj=3;//键按下，jj 为 3
            while(!P22);
            Delay1ms(10);
            while(!P22);//松手去抖
            }
        }

    return    jj;//返回值

    }

    void main()
    {
        uchar kk,kk1,tt;
        while(1)
        {
            tt=anjian();
            while(tt==0)
            {tt=anjian();}
            while(tt==3)
            {
                P1=0;
                tt=anjian();
            }//停止键按下，步进电机停止，并等待按键
                if(tt==1)
                {
                    for(kk1=0;kk1<150;kk1++)//转一圈需要 50 次，三圈需要 150 次
                    {
                    for(kk=0;kk<8;kk++)//正转每输入一拍控制脉冲它转动 0.9°，八拍转
动 7.2°（齿距角）
                        {
                        P1=led1[kk];
                        Delay1ms(10);
                        }
                    }
                }
                if(tt==2)
                {

                    for(kk=0;kk<80;kk++)//反转每输入一拍控制脉冲它转动 0.9°，72°共
需要 80 拍

                        {
```

```
                        P1=led2[kk%8];
                        Delay1ms(10);
                    }
              }

        }
    }
```

本项目中采用四相六线制反应式步进电机。通过单片机口线 P1.0~P1.3 按顺序给 A、B、C、D 绕相组施加有序的脉冲直流，就可以控制电机的转动，从而完成了数字→角度的转换。转动的角度大小与施加的脉冲数成正比，转动的速度与脉冲频率成正比，而转动方向则与脉冲的顺序有关。

5.2.4 讨论学习

① 通过不断增加脉冲的频率，观察步进电机的运行速度有什么异常，为什么？

② 编写一个能够对步进电机进行加减速控制的子程序。

任务 5-3 智能窗户控制系统的设计

学习目标：

- 了解传感器与单片机接口电路的设计；
- 了解直流电机正反转驱动电路的设计；
- 学会直流电机、步进电机、传感器与单片机控制系统的综合应用编程。

5.3.1 工作任务

在前面两个任务的基础上，设计一个智能窗户控制系统，使得在白天有一定光照时，安装在窗户上的窗帘能够自动打开，在傍晚光线较暗时，窗帘能够自动拉上；同时能够检测窗户玻璃的透明度，当玻璃上有很多灰尘和污物时，雨刮器能上下运行一次，去除灰尘和污物。

5.3.2 操作步骤

5.3.2.1 任务分析

本任务是单片机和传感器在现实智能家居控制系统中的一个典型应用。传感器将检测到了非电量信号转变成电信号，送给单片机进行分析处理后，控制直流电机和步进电机的运行，达到雨刮器上下运行和开关窗帘的目的。硬件结构如图 5-10 所示。

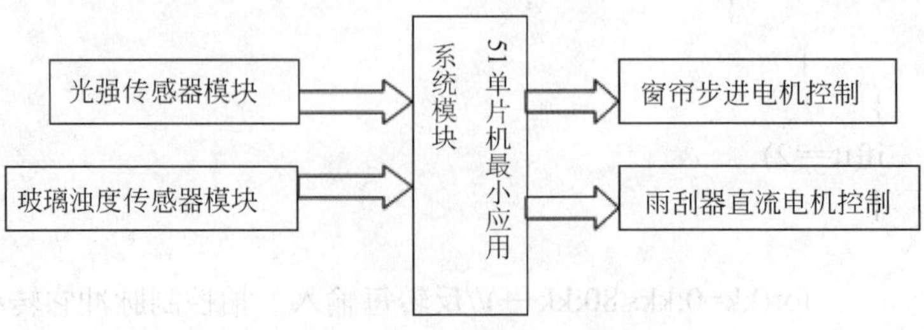

图 5-10 智能窗户硬件结构

（1）光强检测传感器接口电路设计

光强检测电路如图 5-11 所示，其输出为一标准的 TTL 电平，可以直接送给单片机进行分析处理，从而控制窗帘步进电机的正反转。电路的核心是一光敏电阻传感器，光敏电阻的工作原理是基于内光电效应，当光敏电阻受到光照时，光生电子-空穴对增加，阻值减小，相应分到的电压也减少，经 LM193 双电压比较器的参考端（2 脚），和输入端（3 脚）比较，当 $U_{in}<U_{ref}$ 时，输出低电平，发光二极管 LED 被点亮(满足光照条件)；相反，当没有光照时，光敏电阻阻值增大，分到的电压也相应增大，当 $U_{in}>U_{ref}$ 时，输出高电平，发光二极管 LED 熄灭（不满足光照条件）。通过调节可变电阻的阻值可以调整光照检测的灵敏度。

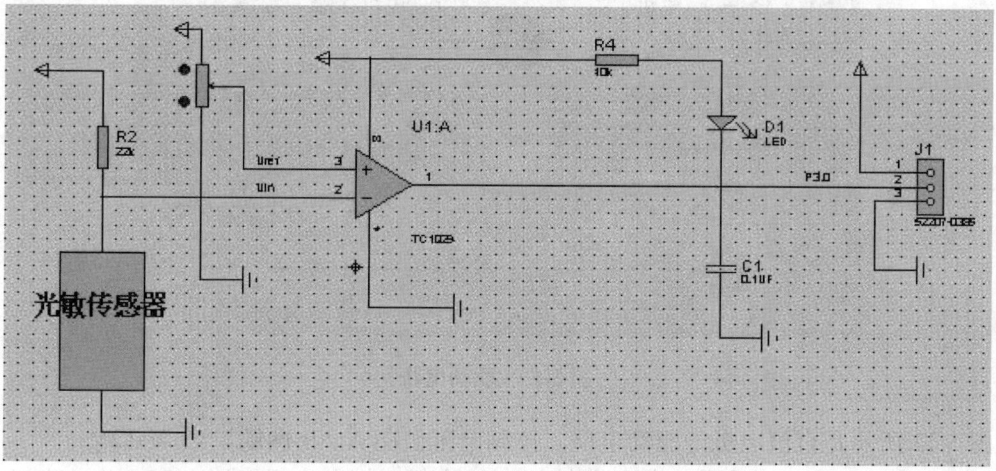

图 5-11　光强检测传感器硬件电路

（2）玻璃浊度传感器模块设计原理

玻璃浊度传感器模块原理图如图 5-12 所示。当窗户玻璃上沾满灰尘和其他污物时，将影响窗户的采光和美观，玻璃浊度传感器用于检测窗户上的透明清澈程度，其核心为一高灵敏度的光电传感器，它由一对发射和接收对管组成，当玻璃较为清澈时，发射的光将被光敏三极管接收到，而当窗户玻璃沾满一定量的灰尘或污物时，发出的光将无法被光敏三极管接收到，或只能接收到少许光通量，完成输出不同的信号供单片机判断，从而控制雨刮器电机的正反转，使得雨刮器上下运行刮去灰尘。

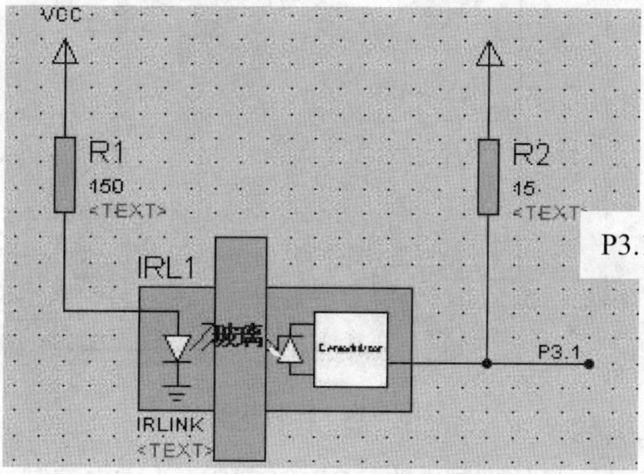

图 5-12　玻璃浊度传感器模块原理图

（3）直流电机驱动电路

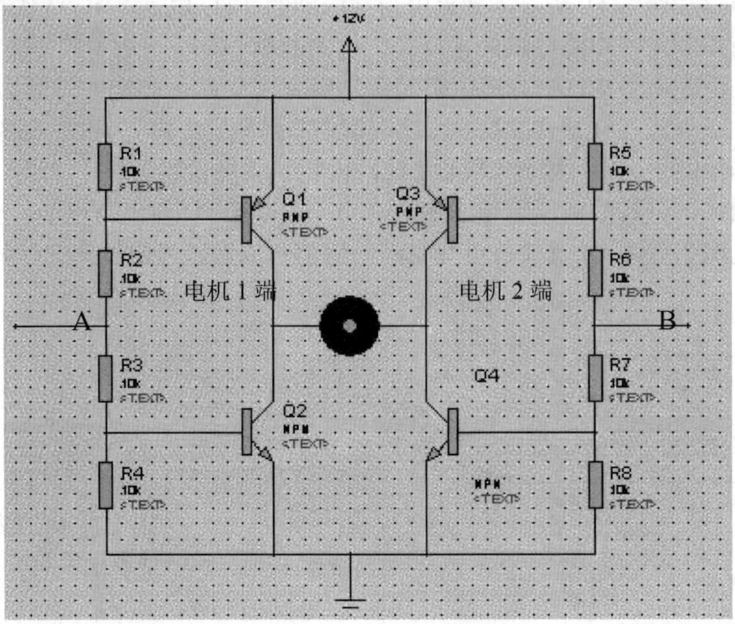

图 5-13　驱动电路

图 5-13 所示是直流电机的驱动电路。控制电压加在 A、B 两端，当 A=12V、B=0V 时， Q2、Q3 导通，电流流向为 Q3—电机 2 端—电机 1 端—Q2—地，电机正转；当 A=0V、B=12V 时，Q1、Q4 导通，电流流向为 Q1—电机 1 端—电机 2 端—Q4—地，电机反转。可见电机的转向由加在 A、B 两端的电压极性所控制，而加在这两端的电压持续时间的长短（即脉冲宽度），就控制了电机的转速。即单位时间内的平均电压越高，电机的转速越高。A、B 的极性和脉冲宽度由单片机控制。

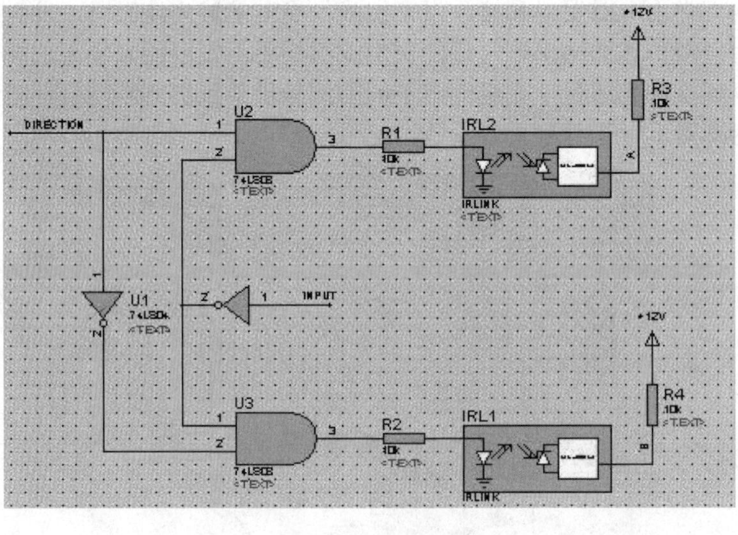

图 5-14　控制电路

图 5-14 所示为直流电机的控制电路。DIRECTION 为方向控制，INPUT 为 PWM（脉

宽调制信号）输入。电机的转速以及电机的转向均由这两个信号控制。具体的功能见表 5-1 所示：

表 5-1　控制信号功能

DIRECTION	INPUT	A	B	电机状态
0	1	1	1	电机停转
0	0	1	0	电机正转
1	1	1	1	电机停转
1	0	0	1	电机反转

通过上表可以看出，当 DIRECTION 为 0 时电机方向是正转的，为 1 时是反转的。而转动的时间取决于 INPUT 信号为 1 的时间的长短（即占空比的大小）。

通过上面的描述，就构成了完整的由 PWM 控制的电机调速系统。

请读者自行完成硬件电路的设计。

5.3.2.2　程序框图

本设计中窗帘初始为拉开状态（有光照时）且要求晚上时雨刮器电机不工作。步进电机转动圈数根据具体窗户大小而定。程序框图如图 5-15 所示。

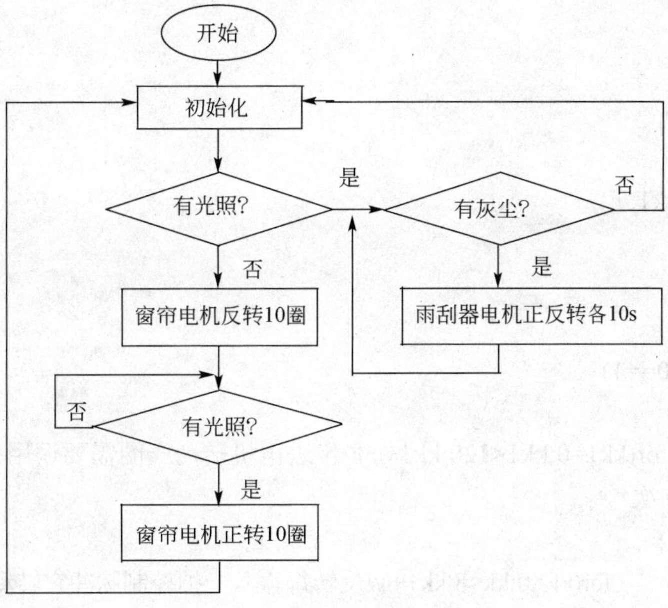

图 5-15　程序框图

5.3.2.3　程序清单

对于 7.5° 的步进电机在八拍运行方式（俗称半步）下，每输入一拍控制脉冲转动 7.5°/2=3.75°，八拍转动 30°（齿距角）。步进电机转动一圈需要调用 360°/30°=12 次运行时序表。其中 P3.0 控制光照，P3.1 控制玻璃浑浊度，P3.2 控制直流电机的正反转，P3.3 控制 PWM 脉宽，P3.4、P3.5 控制直流电机正反转的输入端。

```
#include <reg51.h>
#include <intrins.h>
#include <stdio.h>
```

```
#define uchar unsigned char
#define uint unsigned int
sbit P30=P3^0;
sbit P31=P3^1;
sbit P32=P3^2;
sbit P33=P3^3;
sbit P34=P3^4;
sbit P35=P3^5;

char led1[]={0x01,0x03,0x02,0x06,0x04,0x0c,0x08,0x09};//正转时得电情况
char led2[]={0x08,0x0c,0x04,0x06,0x02,0x03,0x01,0x09};//反转时得电情况

void Delay1ms(uchar x)
{
}



void main()
{
    uchar kk,kk1;
    P3=0;
    while(1)
    {
        if(P30==1)
        {
            for(kk1=0;kk1<120;kk1++)//步进电机转动一圈需要调用 360° /30° =12 次，
运行 10 圈就是 120 次
            {
                for(kk=0;kk<8;kk++)//反转每输入一拍控制脉冲它转动 7.5° /2=3.75° ，
八拍转动 30° （齿距角）
                {
                    P1=led2[kk];
                    Delay1ms(10);
                }
            }
            while(P30!=1);
            for(kk1=0;kk1<120;kk1++)//步进电机转动一圈需要调用 360° /30° =12 次，
运行 10 圈就是 120 次
            {
```

```
            for(kk=0;kk<8;kk++)//正转每输入一拍控制脉冲它转动 7.5/° 2=3.75°，
八拍转动 30°（齿距角）
            {
                P1=led1[kk];
                Delay1ms(10);
            }
        }


    }
    else if(P31==1)
    {
        P32=0;
        P33=0;
        Delay1ms(10);
        P33=1;
        Delay1ms(10);//P33 控制直流电机
        while(P34==1)
        {


            P33=0;
            Delay1ms(10);
            P33=1;
            Delay1ms(10);
        }
        P32=1;
        P33=0;
        Delay1ms(10);
        P33=1;
        Delay1ms(10);
        while(P35==1)
        {
            P33=0;
            Delay1ms(10);
            P33=1;
            Delay1ms(10);
        }
        P33=1;
    }
}
```

```
}
```

5.3.3 思考讨论

① 你认为智能窗户还应具有哪些人性化的功能，并提供一个简单的实现方案。

② 能否为本控制系统上增加按键手动控制窗帘的功能，请编写相关程序。

项目小结

本项目是一个综合的实际应用电路，在单片机软、硬件的基础上，介绍了直流电机和步进电机的几种驱动电路和控制方法，对于直流电机，可以通过 PWM 的方法控制转速，改变电压的正负方向来改变直流电机的转动方向；对于步进电机，通过改变传送脉冲之间的延时时间，来改变转速，通过改变传送脉冲的顺序来改变电机转动方向。

项目 6　串口数据通信设计

项目背景： 在单片机内，目前使用的串行通信接口的种类很多，如 UART、I^2C、SPI、USB 等。不同型号的单片机使用的串行接口不同，如 8051 单片机除了有 4 个并行 I/O 接口外，还有一个用于串行通信的全双工 UART I/O 口。串行接口是单片机和外界通信的纽带，在数据传输、人机接口设计等方面起着重要作用。本项目通过介绍单片机的串行通信技术，完成三个具体的串口通信的任务。

客户要求： 实现一个单片机系统通过串行口与其他的单片机系统或者 PC 机之间进行相互的数据交换，通信成功，通过相应的软硬件显示反馈结果。

项目分析： 根据以上要求，将任务分为三个阶段：① 单机串口通信测试；② 双机串口通信应用；③ 单片机与 PC 机串行通信应用

产品整体结构建议如图 6-1 所示。

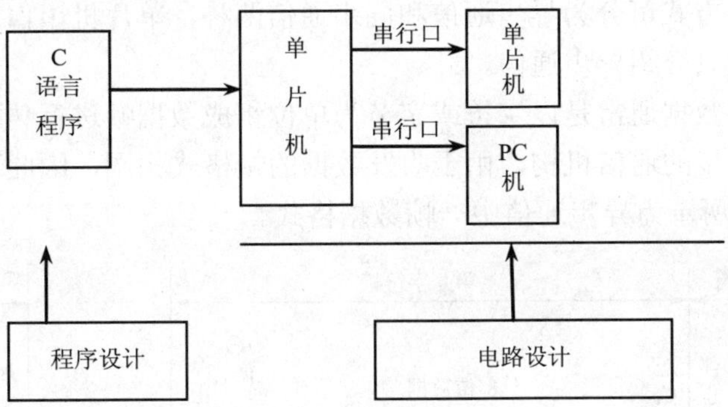

图 6-1　项目整体框图

电路部分将在接下来的各任务中直接给出。

任务 6-1　单机串口通信测试

学习目标：

- 掌握串口通信的基本概念、结构和原理；
- 掌握串口工作方式 1 的原理和编程方法；
- 学会单片机简单单机串口通信的特点和程序编写方法。

6.1.1　工作任务

将单片机的 P3.1(发送端 TXD)和 P3.0(接收端 RXD)连接在一起，实现单机串口通信，要求发送端（TXD）发出点亮一盏 LED 灯的信号，由接收端（RXD）接收，若通信成功，则 P1.0 口所接的 LED 灯亮。设单片机的时钟频率为 12MHz，波特率为 62.5Kbps，串口

采用工作方式 1。

6.1.2 任务咨询——串口通信

6.1.2.1 异步串行通信

串行通信方式中数据字节在一根传输线上一位一位顺序传送，相比单片机使用多个 I/O 口与外设传送数据的并行方式，串行通信的成本较低，特别适用于远距离通信。图 6-2 所示为并行和串口通信示意图。

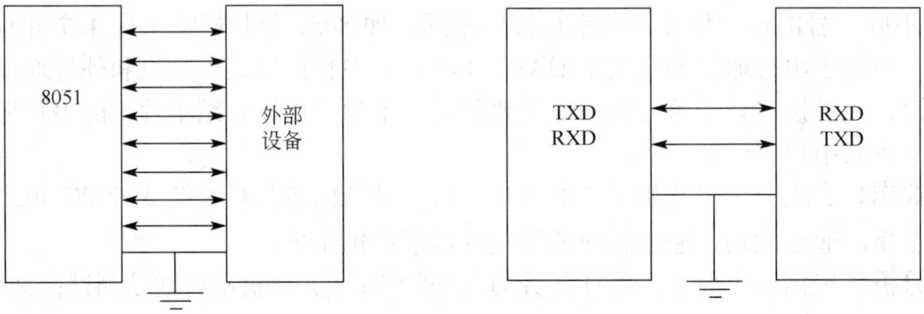

图 6-2 并行和串口通信示意图

串行通信按同步方式可分为异步通信和同步通信两种，单片机串口通信中通常采用异步通信方式，所以这里只介绍异步通信。

在异步通信中，数据通常是以字符或字节为单位组成数据帧进行传送的。收发端各有一套彼此独立，互不同步的通信机构，由于收发数据的帧格式相同，因此可以互相识别接收到的数据信息。图 6-3 所示为异步通信中一帧数据格式。

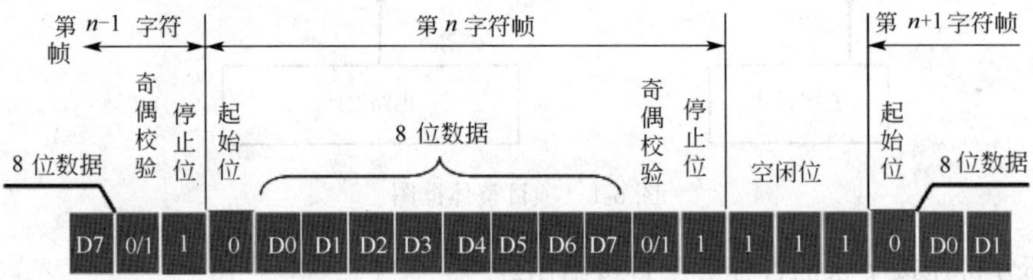

图 6-3 异步通信中一帧数据格式

（1）起始位

在没有数据传送时，通信线上处于逻辑“1”状态。当发送端要发送 1 个字符数据时，首先发送 1 个逻辑“0”信号，这个低电平便是帧格式的起始位。其作用是向接收端表示发送端开始发送一帧数据。接收端检测到这个低电平后，就准备接收数据信号。

（2）数据位

在起始位之后，发送端发出(或接收端接收)的是数据位，数据的位数没有严格的限制，5～8 位均可。由低位到高位逐位传送。

（3）奇偶校验位

数据位发送完(接收完)之后，可发送一位用来检验数据在传送过程中是否出错的奇偶校验位。奇偶校验是收发双方预先约定好的有限差错检验方式之一。有时也可不用奇偶校验。

（4）停止位

字符帧格式的最后部分是停止位，逻辑“1”电平有效，它可占 1/2 位、1 位或 2 位。停止位表示传送一帧信息的结束，也为发送下一帧信息做好准备。若停止位以后不是紧接着传送下一个字符，则让线路上保持为“1”，称为空闲位，直到出现“0”后再开始传送。

6.1.2.2 串行口的结构

如图 6-4 所示，该串行口由数据发送/接收缓冲器 SBUF、发送/接收控制器、输入移位寄存器、输出控制门和波特率发生器（定时器 T1 或晶振）组成，其中，SBUF 是两个物理上独立的特殊功能寄存器，占用同一地址 99H。

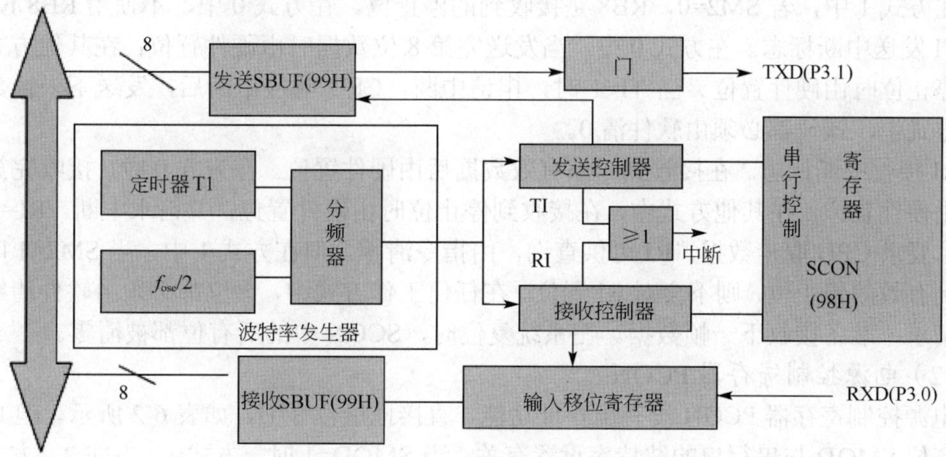

图 6-4 串行口结构示意图

串行通信中，不论发送还是接收，都是由特殊功能寄存器 SBUF 与累加器 A 之间的传送操作来完成的。

① 发送时，执行写命令 SBUF=A 向发送缓冲器 SBUF 装载并开始由 TXD 引脚向外发送一帧数据，发送完毕后使发送中断标志 TI=1。

② 接收时，在接收中断标志 RI=0,置允许接收位 REN=1 的条件下， 一帧数据进入移位寄存器，并装载到接收缓冲器 SBUF 后，RI=1,此时执行读命令 MOV A,SBUF，由接收缓冲器 SBUF 取出信息并通过内部总线送给 CPU。

6.1.2.3 串行口的控制寄存器

控制串行口的寄存器有两个，即特殊功能寄存器 SCON 和 PCON。下面分别对它们进行介绍。

（1）串行口控制寄存器 SCON

特殊功能寄存器 SCON 用于定义串行口通信方式的选择和控制它的某些功能。其字节地址为 98H。寄存器中各位内容定义如表 6-1 所示。

表 6-1 寄存器 SCON 的各位定义

位	D7	D6	D5	D4	D3	D2	D1	D0
位地址	9FH	9EH	9DH	9CH	9BH	9AH	99H	98H
SCON	SM0	SM1	SM2	REN	TB8	RB8	TI	RI

SM0，SM1 串行口操作方式选择位。两个选择位对应于 4 种状态，所以串行口能以 4 种

方式工作。

SM2 多机通信控制位，主要用于方式 2 和方式 3。在方式 2 和方式 3 的接收状态中，若 SM2=1，且接收的第 9 位数据（RB8）为 0 时，舍弃接收到的数据，中断标志 RI 清零，若 RB8=1，则将接收到的数据送 SBUF 中，并将 RI 置 1。在方式 1 中，若 SM2=1，则只有收到有效的停止位时，RI=1。在方式 0 中，SM2 必须置为 0。

REN 允许接收位。REN=1 时允许接收，REN 由软件置位或清零。

TB8 在方式 2 和方式 3 时，为发送的第 9 位数据，可根据发送需要由软件置位或复位。

RB8 在方式 2 和方式 3 中用来存放接收到的第 9 位数据，用以表明所接收到的数据的特征。在方式 1 中，若 SM2=0，RB8 是接收到的停止位。在方式 0 中，不使用 RB8 位。

TI 发送中断标志。在方式 0 中，当发送完第 8 位数据时由硬件置位；在其他方式中，在发送停止位时由硬件置位。当 TI=1 时，申请中断，CPU 响应中断后，发送下一帧数据。在任何方式中，该位都必须由软件清 0。

RI 接收中断标志。在接收到一帧有效数据后由硬件置位。在方式 0 时，接收完第 8 位数据后由硬件置位，在其他方式中，在接收到停止位时由硬件置位，并请求中断。RI=1 时申请中断，要求 CPU 取走数据，RI 可供查询，由指令清零。但在方式 1 中，当 SM2=1 时，若未接收到有效的停止位，则不会对 RI 置位。在任何工作方式中，该位都必须由软件清零以解除中断请求，准备接收下一帧数据。在系统复位时，SCON 中的所有位都被清零。

（2）电源控制寄存器 PCON

电源控制寄存器 PCON 没有位寻址功能，直接地址位 87H，如表 6-2 所示。但 PCON 中的最高位 SMOD 与串行口的波特率设置有关。当 SMOD=1 时，方式 1、方式 2、方式 3 的波特率加倍。

表 6-2　寄存器 PCON 的各位定义

	D7	D6	D5	D4	D3	D2	D1	D0
PCON	SMOD	—	—		GF1	GF0	PD	IDL

6.1.2.4　串行口工作方式

8051 单片机有 4 种工作方式，即方式 0、方式 1、方式 2、方式 3。串行口由 SCON 中的 SM0、SM1 选择 4 种工作方式，如表 6-3 所示。

表 6-3　串行口方式选择

SM0	SM1	方式	功能说明	波特率
0	0	0	移位寄存方式	$f_{osc}/12$
0	1	1	8 位 UART	可变
1	0	2	9 位 UART	$f_{osc}/64$ 或 $f_{osc}/32$
1	1	3	9 位 UART	可变

由于在实际应用中工作方式 1 用得最多，所以本项目中主要介绍工作方式 1，其他工作方式将在任务 6-2 中作简要介绍。

串行口工作在方式 1 的特点如下。

① 8 位异步通信接口。传送一帧信息为 10 位，即 1 位起始位（0），8 位数据位（低位在先）和 1 位停止位（1）。

串行口工作在方式 1 的数据发送：

当执行一条 MOV SBUF,A 指令时,A 中数据从 TXD 端异步发送。发送完一帧数据 TI=1,请求中断。要继续发送时，需 TI 指令清零（TI=0）。

串行口工作在方式 1 的数据接收：

当置位 REN 时，串行口采样 RXD，当采样到 1 至 0 的跳变时，确认串行数据帧的起始位，开始接收一帧数据，直到停止位到来时，把停止位送入 RB8 中，置位 RI 请求中断并通知 CPU 从 SBUF 中取走接收的数据。RI 由指令清零（RI=0）。

② 波特率是可变的，取决于定时器 1 的溢出速率和 SMOD。

波特率是指数据传送的速度，即每秒传送二进制代码的位数，它的单位是位/秒（b/s 或 bps）。

如数据传送的波特率是 3840 字符/s，每个字符格式包含 10 个代码位，则通信波特率为

$$3840\ 字符/s\times 10\ 位/字符=38400bps$$

在串行通信中，收发双方必须采用相同的数据传输速度，即采用相同的波特率，波特率越高，则数据传送越快。

在方式 1 下，波特率由定时器 T1 的溢出率和 SMOD 共同决定，计算公式如下：

方式 1 波特率 $=2^{SMOD}\times$(定时器 T1 的溢出率)/32

定时器 T1 的溢出率取决于定时器 T1 初始值，最典型的用法是使 T1 工作在自动重装载的 8 位定时器模式（即方式 2）。设定时器的初始值为 X，那么每过 $256-X$ 个机器周期，定时器溢出一次，此时应禁止 T1 中断。溢出周期为$(12/f_{osc})\times(256-X)$。

溢出率为溢出周期的倒数，所以方式 1 波特率为

$$2^{SMOD}\times f_{osc}/[32\times 12\times(256-X)]$$

若要求串行通信波特率为 62.5Kbps，f_{osc}=12MHz，SMOD=1，则 T1 初值为 255，即 X=FFH，相应的程序为

```
PCON=0x80;
TMOD=0x20;
TL1=0xff;
TH1=0xff;
TR1=1;
```

表 6-4 列出了一些常用的波特率设置方法。

表 6-4 常用波特率设置方法

波特率/bps	f_{osc}/MHz	SMOD	定时器 1		
			C/$\overline{T}$	方式	重新装入值
方式 0 最大：1M	12	×	×	×	×
方式 2 最大：375K	12	1	×	×	×
方式 1、3：62.5K	12	1	0	2	FFH
19.2K	11.0592	1	0	2	FDH
9.6K	11.0592	0	0	2	FDH
4.8K	11.0592	0	0	2	FAH
2.4K	11.0592	0	0	2	F4H
1.2K	11.0592	0	0	2	E8H
110	12	0	0	1	0FEEH

除了按上述式子手工计算外，也可以使用 51 串口通信计算器之类小工具。这就大大简化了定时器初值的运算。它的界面如图 6-5 所示。只要在晶振频率和波特率两栏中选择相应的参数，就能迅速获得定时器初值。

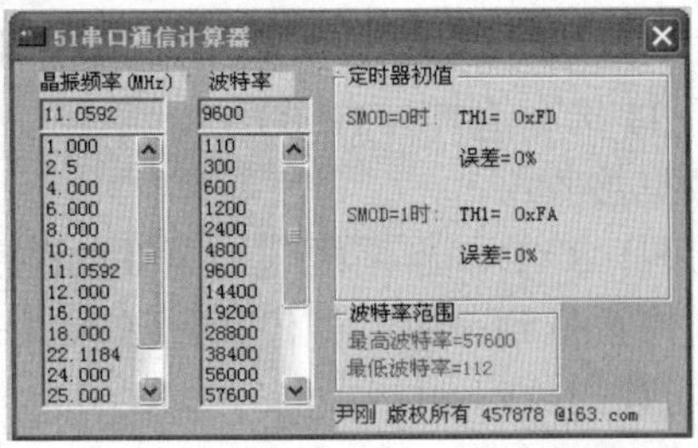

图 6-5　51 串口通信计算器界面

6.1.3　操作步骤

（1）按照本任务要求，硬件电路设计如图 6-6 所示。

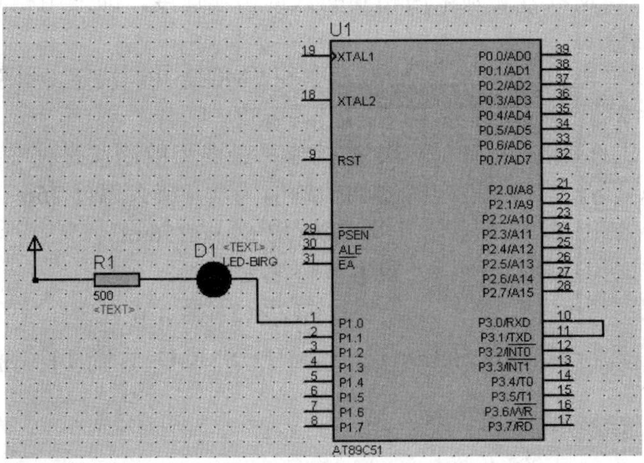

图 6-6　硬件电路

（2）程序框图（见图 6-7）

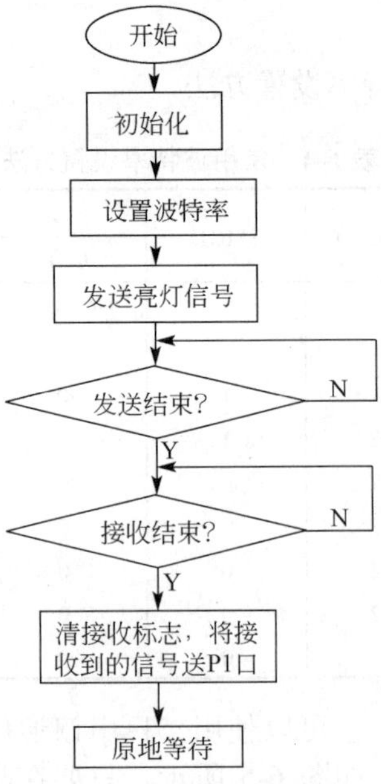

图 6-7　程序框图

（3）程序清单

```
#include <reg51.h>
#include <intrins.h>
#include <stdio.h>
#define uchar unsigned char
#define uint unsigned int
void main()
{
    P1=0x01;
    SCON=0x50;
    PCON=0x80;
    TMOD=0x20;
    TL1=0xff;
    TH1=0xff;
    TR1=1;
    TI=0;
    SBUF=0;
    while(TI==0);
        TI=0;
        while(RI==0);
        RI=0;
        P1=SBUF;
        while(1);
}
```

程序说明：此程序中采用了查询串口中断标志的方式来收发数据，查询时计算机一直处于等待状态，不能干其他事情，所以效率较低，在下一个任务中采取中断的方式提高 CPU 工作效率。

6.1.4 讨论学习

① 串口传送和并口传送数据的区别，并说明两种传输方式的优缺点。

② 设 f_{osc} 为 11.0592MHz，若要利用定时器 T1 方式 2 产生 4800bps 的波特率，试计算定时器初值。

任务 6-2 双机串口通信应用

学习目标：

- 掌握串口各工作方式的特点；

- 掌握串口中断程序的编写；
- 学会单片机双机通信的原理及程序编写方法。

6.2.1 工作任务

实现两台相近单片机之间的通信，甲机将数据送给乙机，若通信成功，乙机将接收到的数据通过一位数码管显示出来。设单片机的时钟频率为12MHz，波特率为62.5Kbps，串口采用工作方式1。乙机接收时要求采用中断方式。

6.2.2 任务咨询

6.2.2.1 串行口工作方式0、方式2、方式3简介

（1）方式0

串行口工作方式0的特点如下。

为移位寄存输入输出方式，可外接移位寄存器，以扩展I/O，也可外接同步输入输出设备。

波特率固定：$f_{osc}/12$。

同步发送/接收8位数据，数据通过RXD引脚输入/输出，TXD提供输出移位时钟。

同步发送/接收8位数据，低位在先。

串行口工作在方式0的数据发送：

当执行一条MOV SBUF, A指令时，启动发送操作，由TXD提供输出移位时钟，由RXD串行发送SBUF中的数据。发送完8位数据后自动置位TI=1，请求中断。要继续发送时TI必须由指令清零（TI=0）。

串行口工作方式0的数据接收：

在RI=0的条件下，置REN=1时，启动一帧数据的接收，由TXD提供输出移位时钟，由RXD接收串行数据到A中。接收完一帧数据后自动置位RI，请求中断。想要继续接收时要用指令清除RI。

（2）方式2和方式3

串行口工作方式2和工作方式3的特点：两种方式的波特率不同，方式2的波特率是固定的，为$f_{osc}/32$或$f_{osc}/64$；方式3 的波特率是可变的。

6.2.2.2 双机通信

两台单片机之间的串口通信需要分别在甲机和乙机上编写程序，甲机为发送端程序，乙机为接收端程序，两机应采用相同的工作方式和波特率。甲机一般采用查询TI的方式发送数据，乙机可以采用查询RI和中断两种方式接收数据。本任务中要求采用中断的方式接收，当接收完50H地址单元中的1个字节数据后，RI=1，产生串行口中断，程序自动转到串行口中断程序入口地址0023H。

6.2.3 操作步骤

6.2.3.1 硬件电路设计与程序测试

按照本任务要求，硬件电路设计如图6-8所示。

6.2.3.2 程序框图

（1）发送端程序框图（见图6-9）

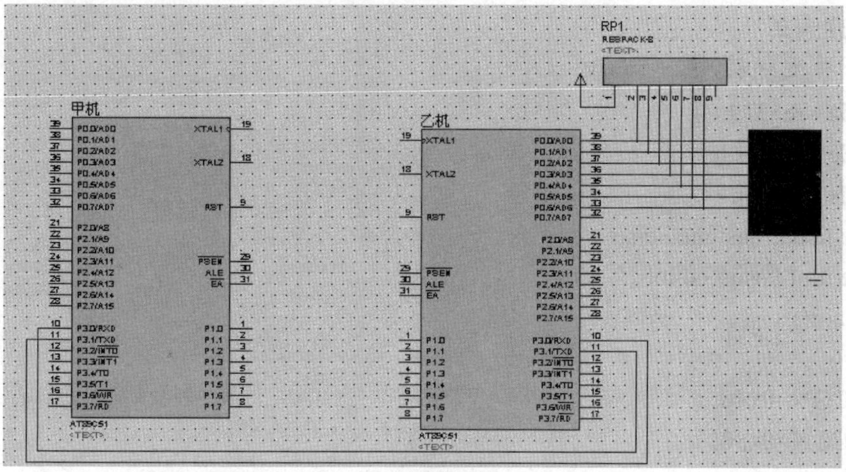

图 6-8　硬件电路示意图

（2）接收端程序框图（见图 6-10）

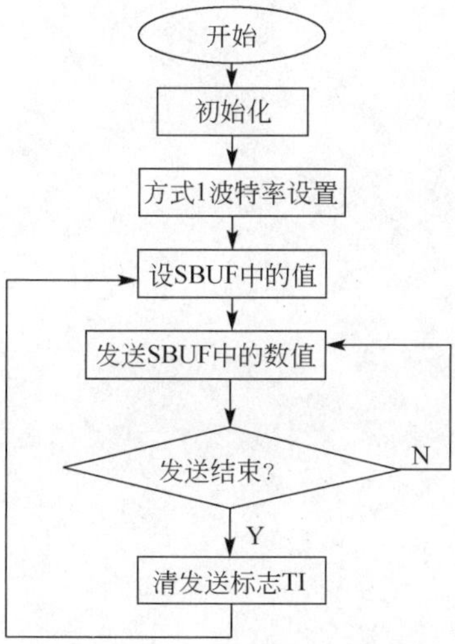

图 6-9　发送端程序框图

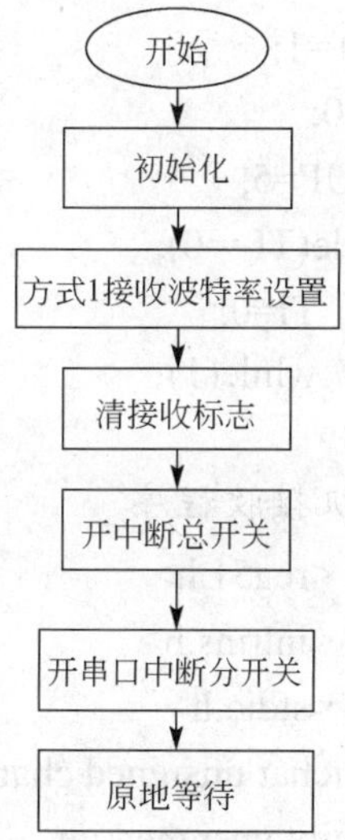

图 6-10　接收端程序框图

（3）中断服务程序框图（见图 6-11）

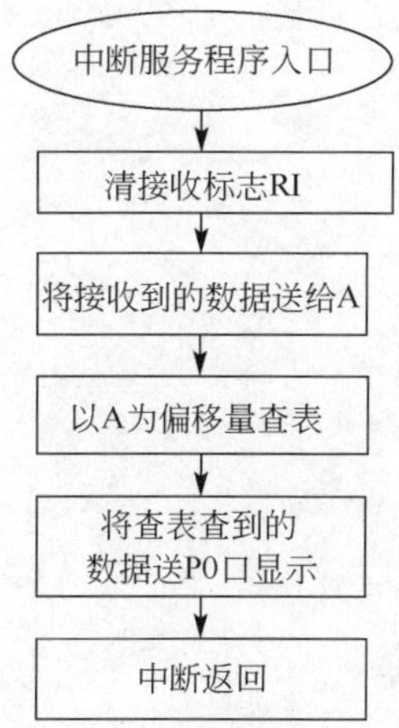

图 6-11　中断服务程序框图

6.2.3.3 程序清单

（1）甲机发送程序

```
#include <reg51.h>
#include <intrins.h>
#include <stdio.h>
#define uchar unsigned char
#define uint unsigned int
void main()
{
      SCON=0x40;
      PCON=0x80;
      TMOD=0x20;
      TL1=0xff;
      TH1=0xff;
      TR1=1;
      TI=0;
      SBUF=5;
      while(TI==0);
            TI=0;
            while(1);
}
```

（2）乙机接收程序

```
#include <reg51.h>
#include <intrins.h>
#include <stdio.h>
#define uchar unsigned char
#define uint unsigned int
uchar code shumaguan[]={0x3f,0x06,0x5b,0x4f,0x66,
0x6d,0x7d,0x07,0x7f,0x6f,0x77,0x7c,0x39,0x5e,0x79,0x71};
void main()
{
      SCON=0x50;
      PCON=0x80;
      TMOD=0x20;
      TL1=0xff;
      TH1=0xff;
      TR1=1;
      RI=0;
      EA=1;
      ES=1;//开串口中断
      while(1);
```

```
    }

    void SerialInterrupt() interrupt 4
    {
        RI=0;
        P0=shumaguan[SBUF];
    }
```

6.2.4 思考讨论

① 若两台单片机之间相距较远，发送和接收的电路应作哪些改进？

② 设计并编程，完成单片机的双机通信程序，要求将甲机内部 6 个数据发送给乙机，并在乙机的 6 个数码管中显示出来。

任务 6-3 单片机与 PC 机串行通信应用——PC 机测速控制系统

学习目标：

- 掌握 PC 机 RS-232 串行总线标准的原理及应用；
- 学会单片机与 PC 机串行收发程序的编写；
- 能在 C#中设计简单的界面，并完成程序的编写。

6.3.1 工作任务

8051 串行口经 232 电平转换后，与 PC 机串行相连。PC 机使用 C#设计的界面，实现上位机与下位机的通信。上位机完成步进电机的测速并显示，并可通过上位机可控制步进电机的加减速。串口中断完成 PC 机到单片机数据传送，外部中断 0 完成单片机到 PC 机数据传送。通过上位机可控制步进电机加速、减速及暂停。发送数据 1、减速；发送数据 2、加速；发送数据 3，暂停。按下单片机外部中断 0 连接的按键，单片机可将当前运行速度传送至 PC 机显示上位机通过接收按键，可显示当前步进电机运行速度。如图 6-12、图 6-13 所示。

图 6-12　步进电机运行及状态显示

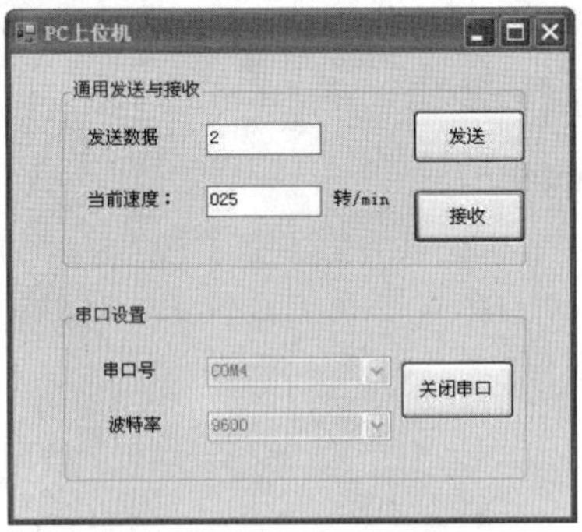

图 6-13　上位机显示

6.3.2　任务咨询

RS-232 是美国电子工业协会正式公布的串行总线标准，也是目前最常用的串行接口标准，用来实现计算机与计算机之间、计算机与外设之间的数据通信。单片机和电脑之间可以方便地通过串行接口进行通信。进行串行通信时一定要注意电平的转换。电脑的串口是 RS-232 电平（高−12V，低+12V）的，而单片机的串口是 TTL 电平（高+5V，低 0V）的，两者之间必须有一个电平转换电路，否则将使 TTL 电路烧毁，专用芯片 MAX232 可以实现此功能。

RS-232 串行接口总线适用于：设备之间的通信距离不大于 15m，传输速率最大为 20Kbps。RS-232 协议以−5～−15V 表示逻辑 1；以+5V～+15V 表示逻辑 0。一个完整的 RS-232 接口有 22 根线，采用标准的 25 芯插头座。目前常见简化的 9 芯插头座，其对应的串口数为 9 针。各针的定义如表 6-5 所示：

表 6-5　9 针串口功能表

针号	功能说明	缩写
1	数据载波检测	DCD
2	接收数据	RXD
3	发送数据	TXD
4	数据终端准备	DTR
5	信号地	GND
6	数据设备准备好	DSR
7	请求发送	RTS
8	清除发送	CTS
9	振铃指示	DELL

实际应用中，常采用三线制连接串口，也就是说电脑的 9 针串口中只连接其中的 3 根线：第 5 脚的 GND、第 2 脚的 RXD、第 3 脚的 TXD。这是最简单的连接方法，但是一般来说已经足够使用了。

本任务中，需要在 PC 上进行信息传送。这个过程用户可以用 VB6.0、C#、Labview 等高级语言设计一个人机界面，也可以使用 Windows 自带的超级终端，还有一种方法是上网下载一个串口调试助手软件。这里通过 C#自行编写一个上位机界面，完成上位机和 PC 机之间数据的相互传递。

6.3.3　单片机硬件电路和程序设计操作步骤

6.3.3.1　硬件电路设计与程序测试

按照本任务要求，硬件电路设计如图 6-14 所示。通过设定、正反转、启动键控制步进电机的运行状态。LCD 显示当前步进电机的运行速度和正反转状态。通过专用芯片 MAX232、RS-232 串行接口，实现单片机和 PC 机数据的传递。

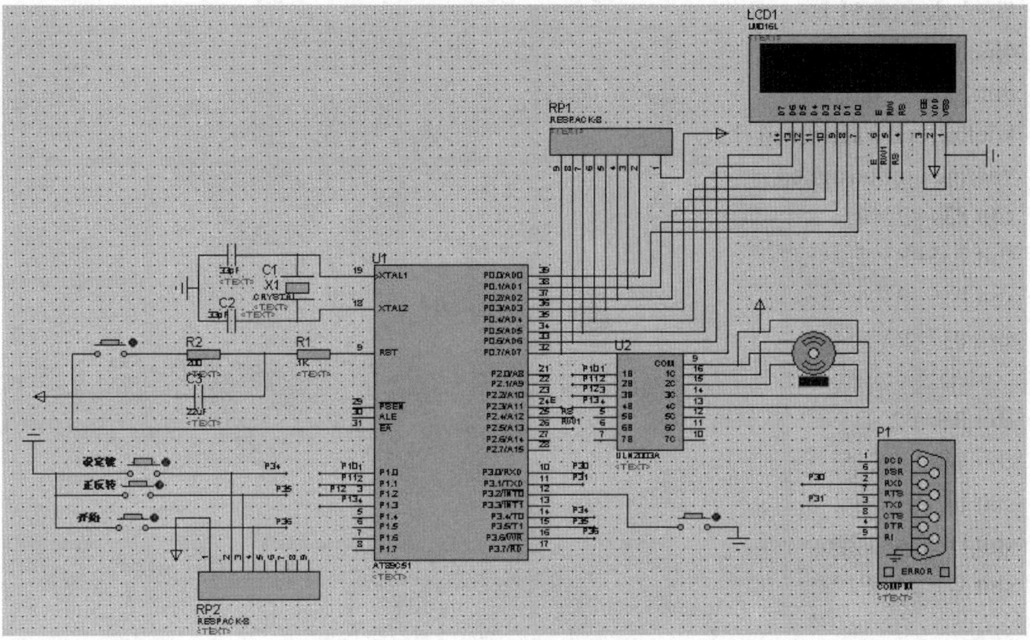

图 6-14　硬件电路设计

6.3.3.2　程序框图

按下 1 号键进行设置，按下 2 号键设定正反转，按下 3 号键启动，步进电机开始工作，液晶屏显示当前速度和正反转状态。通过串口可与 PC 机进行通信。主程序框图如图 6-15 所示。

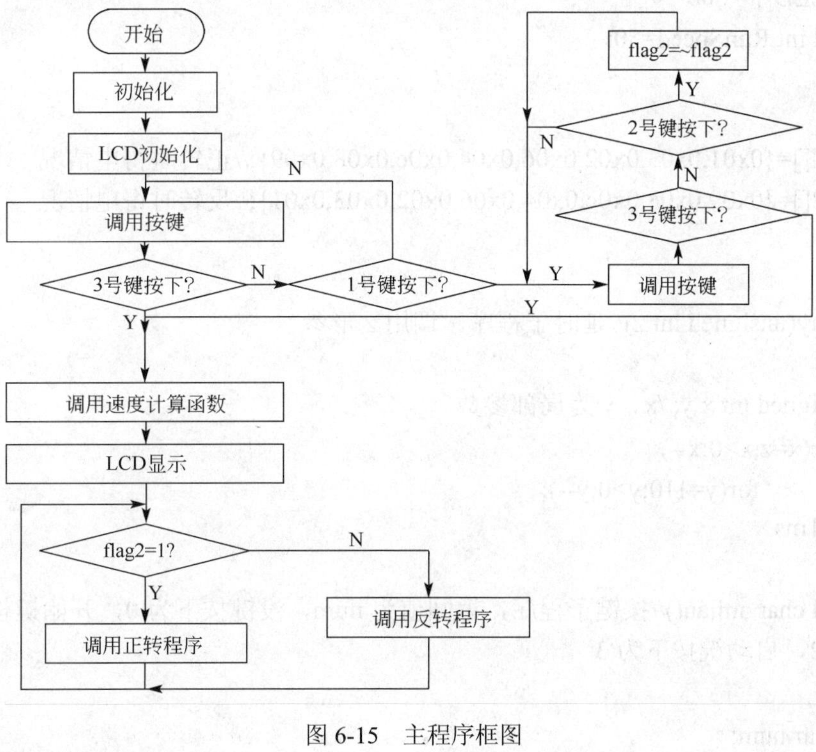

图 6-15　主程序框图

请自行完成外部中断和串口中断程序框图设计。

6.3.3.3 程序清单

```
#include <reg51.h>
#include <intrins.h>
#include <stdio.h>
#define uchar unsigned char
#define uint unsigned int
sbit P34=P3^4;
sbit P35=P3^5;
sbit P36=P3^6;
sbit P37=P3^7;

sbit RS=P2^4;
sbit WR1=P2^5;
sbit LCDEN=P2^3;
sbit DULA=P2^6;
sbit WELA=P2^7;

char SpeedChar[]="SPEED(n/min):";
char L2[]="RUN STATE:";
char STATE_CW[]="CW";
char STATE_CCW[]="CCW";
char SPEED[]="000";
unsigned int RunSpeed=50;

uchar lll;
char led1[]={0x01,0x03,0x02,0x06,0x04,0x0c,0x08,0x09};//正转时得电情况
char led2[]={0x09,0x08,0x0c,0x04,0x06,0x02,0x03,0x01};//反转时得电情况


void delay(unsigned int z)//延时子程序，调用 z 形参
{
    unsigned int x,y;//x、y 为局部参数
     for(x=z;x>0;x--)
            for(y=110;y>0;y--);
}//延时 1ms

unsigned char anjian()//按键子程序，返回值为 num，没键按下为 0，开始键按下为 1，转向键按下为 2，启动键按下为 3
{
    uchar num;
```

```
  num=0;
  P3=0xff;//初始化
  if(P34==0)//判断 K1 键是否按下
  {
      delay(10);//按下去抖动
      if(P34==0)
      {
          while(!P34);
          delay(10);//K1 键是否释放，释放去抖
          while(!P34);
          num=1;//确实按下，K1 键为 1
      }
}

      if(P35==0)
  {
      delay(10);
      if(P35==0)
      {
          while(!P35);
          delay(10);
          while(!P35);
          num=2;
      }
}

      if(P36==0)
  {
      delay(10);
      if(P36==0)
      {
          while(!P36);
          delay(10);
          while(!P36);
          num=3;
      }
}


return num;
```

```
}



void cmd_wr(uchar com)                    //写控制字
{
    RS=0;
    WR1=0;
     P0=com;
     delay(5);
     LCDEN=1;
     delay(5);
    LCDEN=0;

}


void inti_lcd()   //设置 LCD 方式
{

    LCDEN=0;
    cmd_wr(0x38);//功能设定指令，8 位，2 行，5×7 点矩阵
    cmd_wr(0x01);//清除
    cmd_wr(0x0f);//开显示指令，显示屏 ON，光标 ON，闪烁 ON
    cmd_wr(0x06);//设置字符光标移动模式，光标右移，整屏显示不移动
    cmd_wr(0x0c);//显示器打开，在显示屏上不显示光标
}

/**************************************************************
函数名称：write_dr1(unsigned char x)
函数功能：将单个数据 x 写到 LCD 数据存储器
函数作者：张晓芳
创建时间：2011-1-27
**************************************************************/
void write_dr1(unsigned char x)
{
      RS=1;
      WR1=0;
      P0=x;
      delay(5);
      LCDEN=1;
```

```
        delay(5);
        LCDEN=0;


}

void show_lcd(unsigned char *ch,unsigned char n)      //LCD 显示子程序字符串
{
     unsigned char i;
     for(i=0;i<n;i++)
     {
        RS=1;
        WR1=0;
        P0=*(ch+i);
        delay(5);
        LCDEN=1;
        delay(5);
        LCDEN=0;
     }

}


void ShowState()       //显示状态与速度
{


        char *ptr, n;

        cmd_wr(0x80);
        ptr=&SpeedChar;
        n=13;
        show_lcd(ptr,n);

        cmd_wr(0x8d);
        ptr=&SPEED;
        n=3;
        show_lcd(ptr,n);

        cmd_wr(0xc0);
        ptr=&L2;
        n=10;
```

```
        show_lcd(ptr,n);

}

void DoSpeed()
{
        SPEED[0]=(1000*6/RunSpeed/100)+48;
        SPEED[1]=1000*6/RunSpeed%100/10+48;
        SPEED[2]=1000*6/RunSpeed%10+48;
}

void step(unsigned char x)              //产生 10ms 的单位步时间
{
                TMOD=0x21;
                TL0=0xF0;
                TH0=0xD8;
                TR0=1;
        for(;x>0;x--)
        {

                while(TF0==0);
                        TF0=0;
                        TL0=0xF0;
                TH0=0xD8;

                }
                TR0=0;
}

void UART_Init(void)
{
        SCON = 0x50;
        PCON = 0;
        TMOD = 0x21;

        TH1 = 0xfd;   //时钟 11.0592MHz，波特率 9600
        TL1 = 0xfd;
        TR1= 1;
        RI = 0;
        TI = 0;
```

```
    ES = 1;
    EA = 1;
        IP=0x01;
        EX0=1;IT0=1;TR1=1;
}

void main()
{
    uchar flag2,num1,num2,kk,ll,*ptr,n;
    ll=3;

    UART_Init();
   inti_lcd();
   ShowState();

    num1=anjian();
        while(num1!=1)
       {
          num1=anjian();

    }
        num2=anjian();
        while (num2!=3)
        {
               if(num2==2)
                 {
                     flag2=!flag2;
                 }

             num2=anjian();

        }

        RunSpeed=ll*10*8;
         DoSpeed();
         ShowState();

         cmd_wr(0xCA);
    if(flag2==0)
    {
      ptr=&STATE_CW;
```

```
n=2;
show_lcd(ptr,n);
}

else
{
   ptr=&STATE_CCW;
   n=3;
   show_lcd(ptr,n);
}

while(1)
{

                  if(flag2==1)
                  {

                        for(kk=0;kk<8;kk++)
                        {
                              P1=led2[kk];
                              if(lll==1){break;}
                              if(lll==2){ll++;}
                              if(lll==3){ll--;}
                              lll=0;
                              step(ll);
                              RunSpeed=ll*10*8;
                              DoSpeed();
                         cmd_wr(0x8d);
                        ptr=&SPEED;
                              n=3;
                                show_lcd(ptr,n);
                        }

                    }
                  else
                  {
                        for(kk=0;kk<8;kk++)
                        {
                              P1=led1[kk];
                              if(lll==1){break;}
                              if(lll==2){ll++;}
```

```
                        if(lll==3){ll--;}
                        lll=0;
                        step(ll);
                        RunSpeed=ll*10*8;
                        DoSpeed();
                        cmd_wr(0x8d);
                    ptr=&SPEED;
                        n=3;
                     show_lcd(ptr,n);

                    }
                }

        }

}

void serial_int(void) interrupt 4
{
    static unsigned char temp;
    if(RI)
    {
        temp = SBUF-0x30;
        RI = 0;
        lll = temp;
    }
}

void EX_INT0() interrupt 0 //外部中断 0
{

    unsigned char i=0;

    while(SPEED[i]!='\0')
    {
        SBUF=SPEED[i];
        while(TI==0);
        TI=0;
        i++;
    }
}
```

6.3.3.4　上位机主界面和串口数据传送程序的设计

在 C#中完成上位机主界面和串口数据传送程序的设计，步骤如下。

① 打开 VC 软件（见图 6-16）。

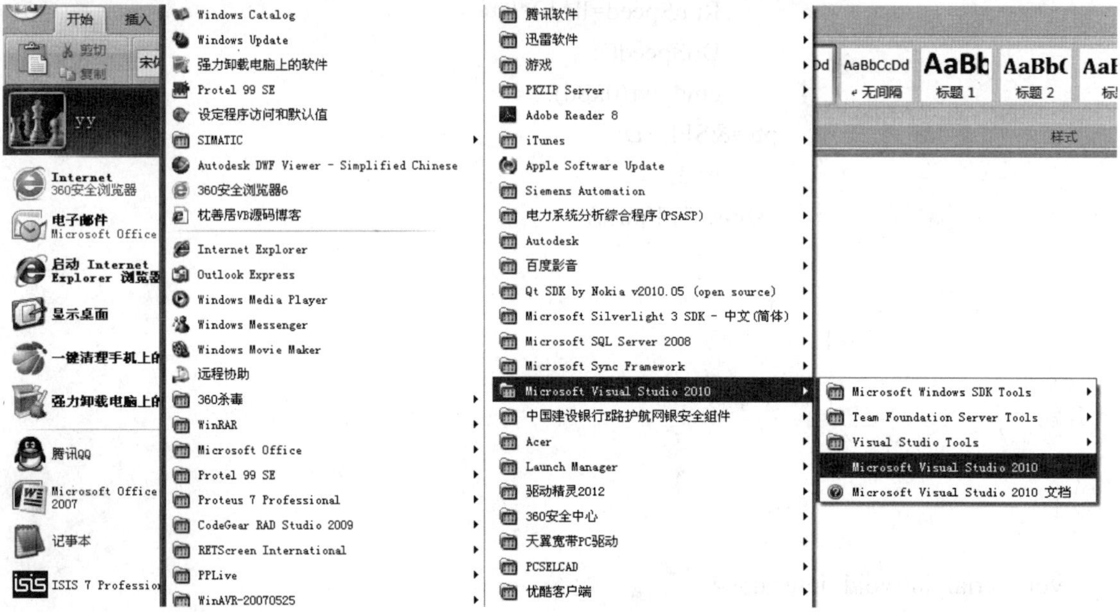

图 6-16　打开 VC 软件

② 新建一个项目，建立一个 C#窗口（见图 6-17）。

图 6-17　建立 C#窗体应用程序

③ 完成后，出现一个窗口，将 SerialPort 拖入到窗口中（见图 6-18）。

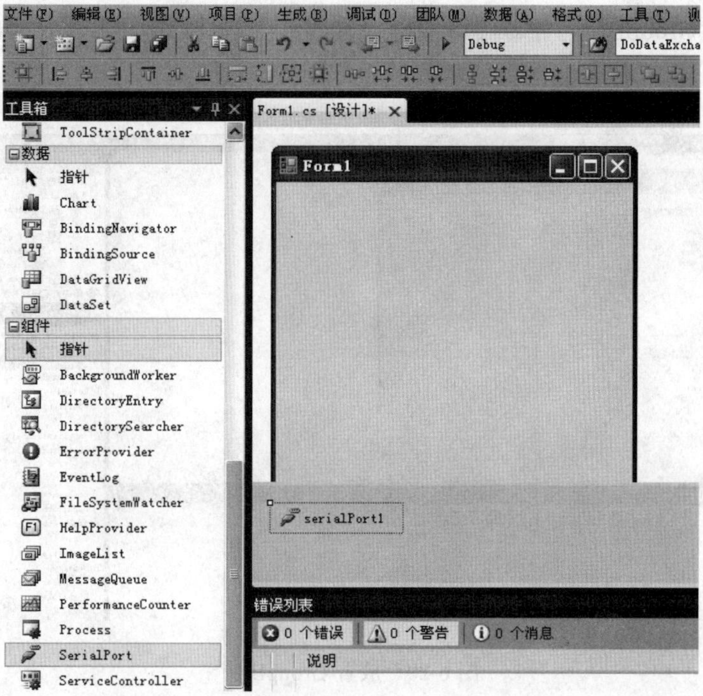

图 6-18　放置串口

④ 可对串口的名称、波特率等属性进行修改（见图 6-19）。

图 6-19　修改串口属性

⑤ 放置两个 GroupBox，并对其属性进行修改：在工具栏中选择 GroupBox，在串口中放置到合适的位置，修改其属性，包括名称等。如图 6-20 所示。

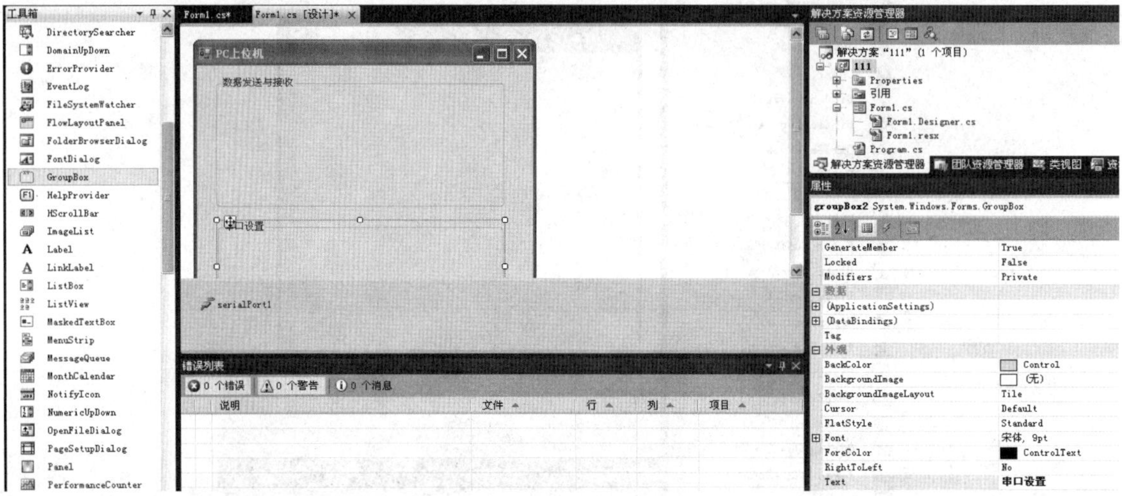

图 6-20　放置 GroupBox

用相同的方法放置 Label、TextBox，窗口设计如图 6-21 所示。

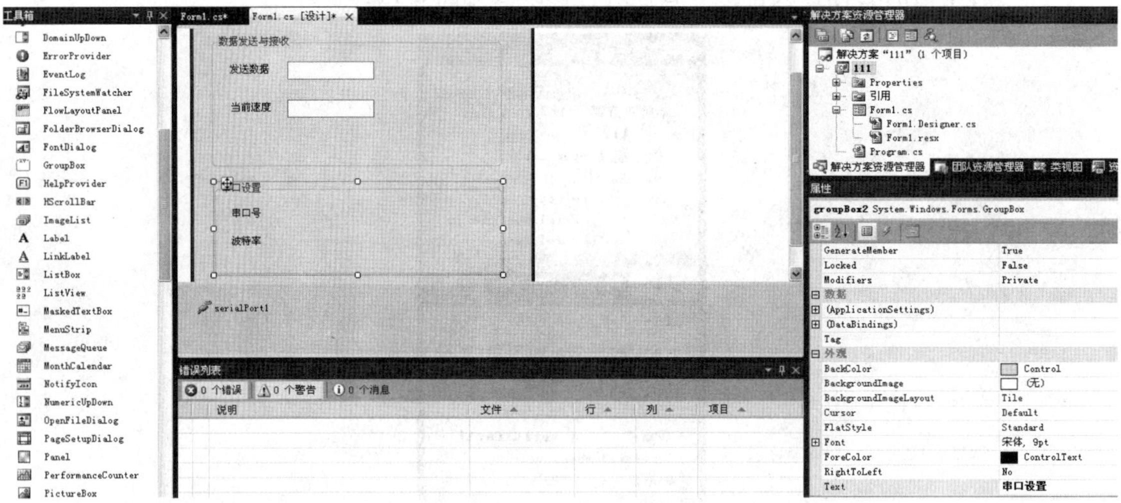

图 6-21　放置 Label、TextBox

⑥ 在窗口中放置 ComboBox，修改其属性，点击 Items 集合，依次输入下拉列表框中内容（见图 6-22）。

⑦ 放置 Button 控件，对其属性进行修改（见图 6-23）。

⑧ 双击 Button 控件，并可完成 Click 事件程序编写（见图 6-24）。

⑨ 按照上面方法，完成上位机主界面设计及程序设计。主界面设计如图 6-25 所示。

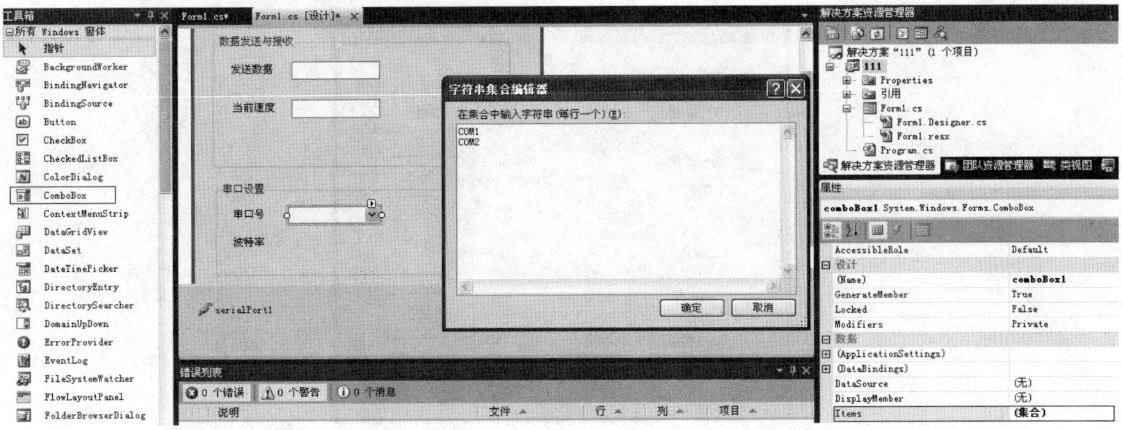

图 6-22　放置 ComboBox 并修改属性

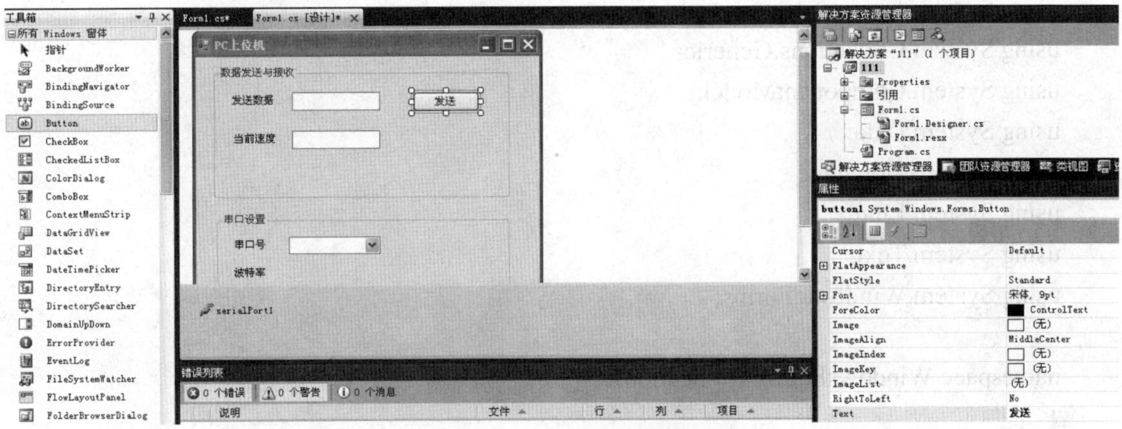

图 6-23　放置 Button 并修改属性

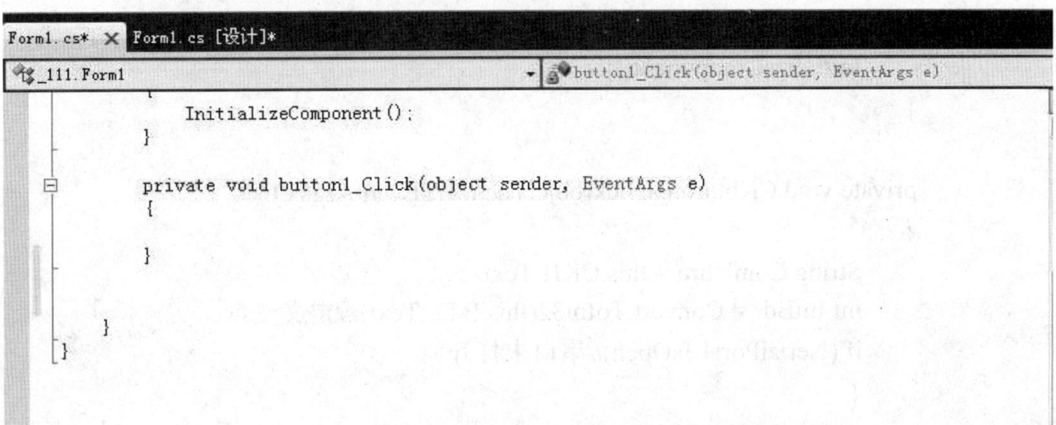

图 6-24　双击 Button 控件编写程序

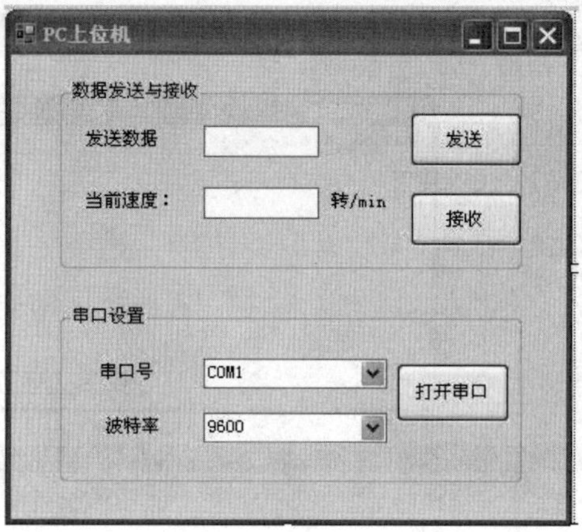

图 6-25　主界面设计

⑩ 程序设计如下。

```
using System;
using System.Collections.Generic;
using System.ComponentModel;
using System.Data;
using System.Drawing;
using System.Linq;
using System.Text;
using System.Windows.Forms;

namespace WindowsFormsApplication1
{
    public partial class 上位机程序 : Form
    {
        public 上位机程序()
        {
            InitializeComponent();
        }

        private void CKbutton_Click(object sender, EventArgs e)
        {
            String ComNum = this.CKH.Text;
            int IntBdr = Convert.ToInt32(this.BTL.Text);//定义变量
            if (!serialPort1.IsOpen)//串口未打开
            {
                serialPort1.PortName = ComNum;
                serialPort1.BaudRate = IntBdr;
                try
```

```
            {
                serialPort1.Open();//尝试打开串口
                CKbutton.Text = "关闭串口";
                this.CKH.Enabled = false;
                this.BTL.Enabled = false;//复选框为灰

            }
            catch
            {
             MessageBox.Show("串口打开失败！\n\n 可能是串口已经被占用。");
            }
        }
else//串口已打开
        {
            serialPort1.Close();//关闭串口
            CKbutton.Text = "打开串口";
            this.CKH.Enabled = true;
            this.BTL.Enabled = true;//复选框可选
        }
    }

    private void FSbutton_Click(object sender, EventArgs e)
    {
        if(serialPort1.IsOpen)//若串口已打开
        {
            if(DATA.Text!="")//若发送数据不为空
            {
                serialPort1.Write(DATA.Text);

            }
            else
            {
                MessageBox.Show("发送数据为空！\n\n 请输入发送数据。");
            }

        }
        else
        {
            MessageBox.Show("串口未打开！ \n\n 请打开串口。");
        }
    }
```

```
        private void JSbutton_Click(object sender, EventArgs e)
        {
            int buffersize = 10;
            Byte[] buffer = new Byte[buffersize];


            if (serialPort1.IsOpen)//若串口已打开
            {
                serialPort1.Read(buffer, 0, buffersize);
                RDATA.Text = Encoding.Default.GetString(buffer);

            }
            else
            {
                MessageBox.Show("串口未打开！\n\n 请打开串口。");
            }
        }

        private void CKH_SelectedIndexChanged(object sender, EventArgs e)
        {

        }
    }

}
```

6.3.4 讨论思考

① MAX232 芯片的作用是什么？

② 熟练使用 SerialPort 类，学会创建 SerialPort 对象，熟悉 SerialPort 类的各种方法，并进行整理。

③ 当 PC 机发送加减速和停止命令给单片机时，采用的是发送“1、2、3”来进行控制，如何通过发送汉字来进行控制呢？

项目小结

8051 单片机内部有一个全双工异步串行通信 I/O 口，该串行口的波特率和帧格式可以编程设定。8051 串行口有 4 种工作方式：方式 0、方式 1、方式 2、方式 3。本项目中重点介绍了常用方式 1 的原理及编程，它的帧格式为 10 位，波特率由定时器 T1 和 SMOD 的值决定。单片机与单片机之间以及单片机与 PC 机之间都可以通过串口通信，异步通信的程序通常采用查询和中断方式。

项目 7　万年历的设计与实现

项目背景：时间与每个人有着非常密切的关系，为了更好地利用时间，必须对时间有一个度量，因此产生了钟表。但钟表工作过于单一，经过人类不断地研究创新，发展到现在的万年历，能显示年、月、日、星期、时、分、秒，还能对时间进行校调。

客户要求：设计一个万年历，通过液晶显示屏显示年、月、日、星期、时、分、秒，还能对时间进行校调，同时还能显示当前温度。为了便于程序的封装、移植，便于程序的升级改造，可灵活使用头文件。

项目分析：根据以上要求，将任务分为三个阶段：① 液晶屏显示 DS18B20 采集到的当前温度；② 通过 DS1302 显示当前日期；③ 改写为头文件，实现整体效果：通过液晶显示屏显示年、月、日、星期、时、分、秒，还能对时间进行校调，同时还能显示当前温度。

产品整体结构建议如图 7-1 所示。实物如图 7-2 所示。

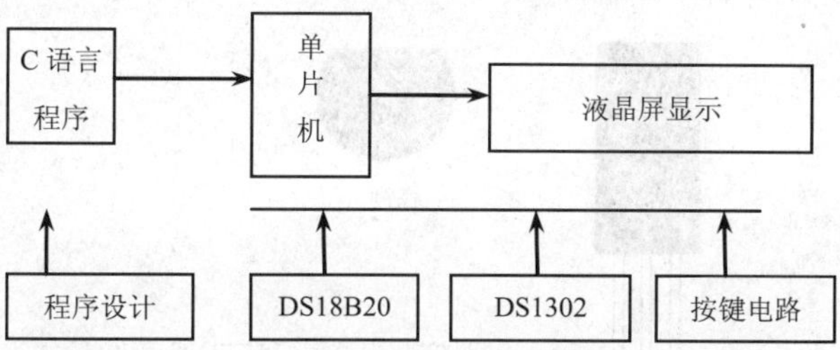

图 7-1　项目整体设计框架

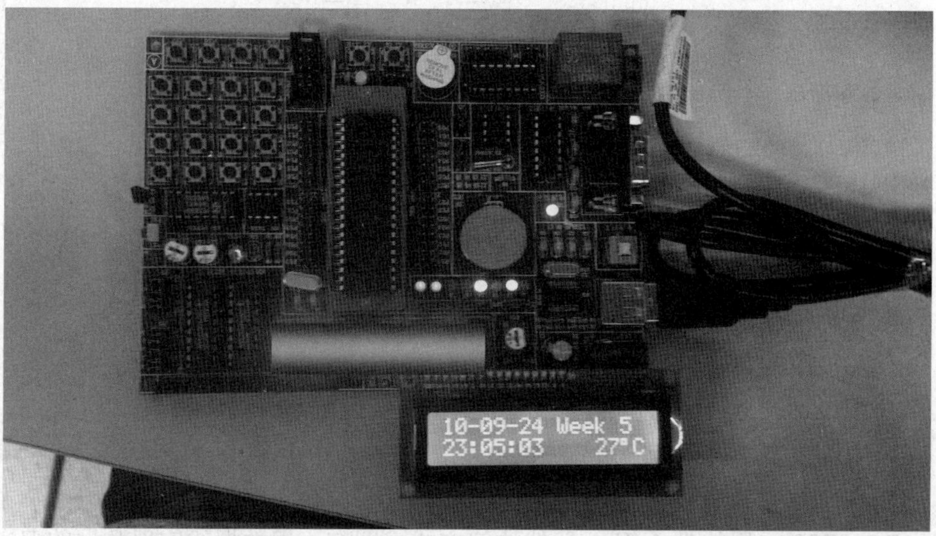

图 7-2　实物图

具体程序设计和电路设计将在接下来的任务中给出。

任务 7-1　液晶屏显示 DS18B20 采集到的当前温度

学习目标：

- 熟练掌握 DS18B20 的工作原理；
- 能读懂 DS18B20 时序，并能根据时序编写程序；
- 学会头文件的编写，能完成 DS18B20 头文件的编写，并在主程序中熟练使用。

7.1.1　工作任务

通过 DS18B20 采集当前温度，并通过液晶屏显示当前温度。

7.1.2　操作步骤

7.1.2.1　搜索资料：DS18B20 芯片特点

（1）DS18B20 基本知识

DS18B20 数字温度计是 DALLAS 公司生产的 1-Wire，即单总线器件，具有线路简单，体积小的特点。因此用它来组成一个测温系统，具有线路简单，在一根通信线，可以挂很多这样的数字温度计，十分方便。DS18B20 引脚图如图 7-3 所示。

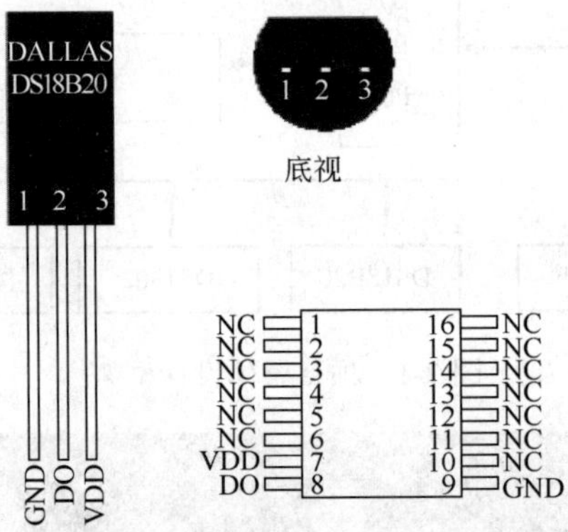

图 7-3　DS18B20 引脚图

（2）DS18B20 产品的特点

① 只要求一个端口即可实现通信。

② 在 DS18B20 中的每个器件上都有独一无二的序列号。

③ 实际应用中不需要外部任何元器件即可实现测温。

④ 测量温度范围在−55～＋125℃之间。

⑤ 数字温度计的分辨率用户可以从 9 位到 12 位选择。

⑥ 内部有温度上、下限告警设置。

（3）DS18B20 的使用方法

由于 DS18B20 采用的是 1-Wire 总线协议方式，即在一根数据线实现数据的双向传输，而对 AT89S51 单片机来说，硬件上并不支持单总线协议，因此，必须采用软件的方法来模拟单总线的协议时序来完成对 DS18B20 芯片的访问。

由于 DS18B20 是在一根 I/O 线上读写数据，因此，对读写的数据位有着严格的时序要求。DS18B20 有严格的通信协议来保证各位数据传输的正确性和完整性。该协议定义了几种信号的时序：初始化时序、读时序、写时序。所有时序都是将主机作为主设备，单总线器件作为从设备。而每一次命令和数据的传输都是从主机主动启动写时序开始，如果要求单总线器件回送数据，在进行写命令后，主机需启动读时序完成数据接收。数据和命令的传输都是低位在先。

① 初始化时序　主机总线 t_0 时刻发送一复位脉冲(最短为 480μs 的低电平信号)，接着在 t_1 时刻释放总线并进入接收状态，DS1820 在检测到总线的上升沿之后等待 15～60μs，接着 DS1820 在 t_2 时刻发出存在脉冲(低电平持续 60～240μs)如图 7-4 中虚线所示。

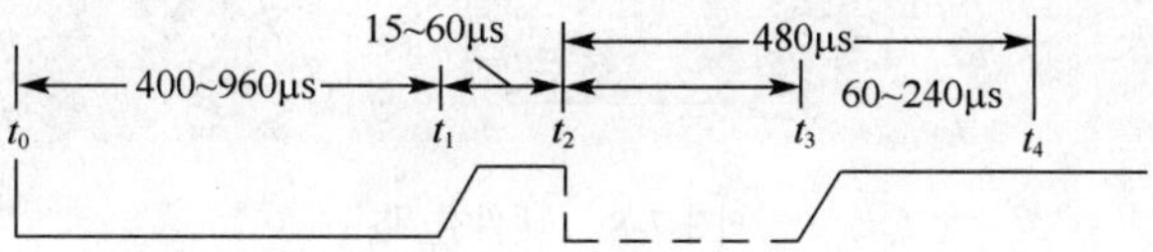

图 7-4　初始化时序

② 写时序　对于 DS18B20 写 0 时序和写 1 时序的要求不同，当要写 0 时序时，单总线要被拉低至少 60μs，保证 DS18B20 能够在 15～45μs 之间能够正确地采样 I/O 总线上的“0”电平，当要写 1 时序时，单总线被拉低之后，在 15μs 之内就得释放单总线。如图 7-5、图 7-6 所示。

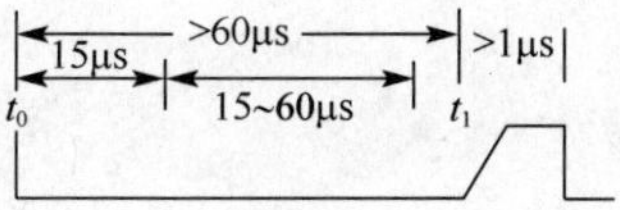

图 7-5　写 0 时序

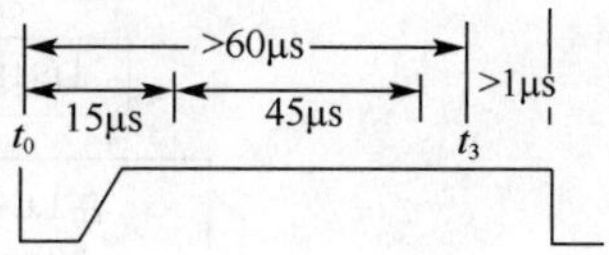

图 7-6　写 1 时序

③ 读时序　对于 DS18B20 的读时序是从主机把单总线拉低之后，在 15μs 之内就得释放单总线，以让 DS18B20 把数据传输到单总线上。DS18B20 在完成一个读时序过程，至少需要 60μs 才能完成。如图 7-7 所示。

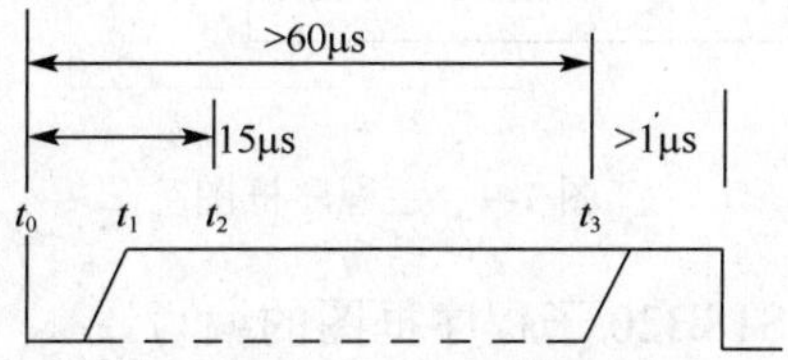

图 7-7　读时序

7.1.2.2　硬件电路设计

将采集到的温度通过液晶屏显示。温度通过 DS18B20 数字温度计采集，减少了模拟量转换过程，DQ 接至单片机的 P1.0。液晶屏数据线接至 P0 口，E、R/W、RS 分别接至 P2.7、P2.6、P2.5。如图 7-8 所示。

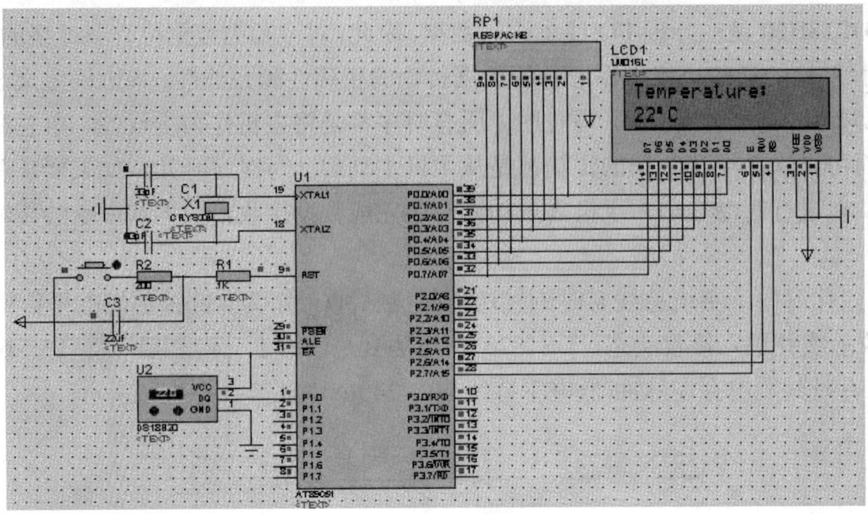

图 7-8　硬件电路

7.1.2.3　程序框图设计

主程序框图如图 7-9 所示。

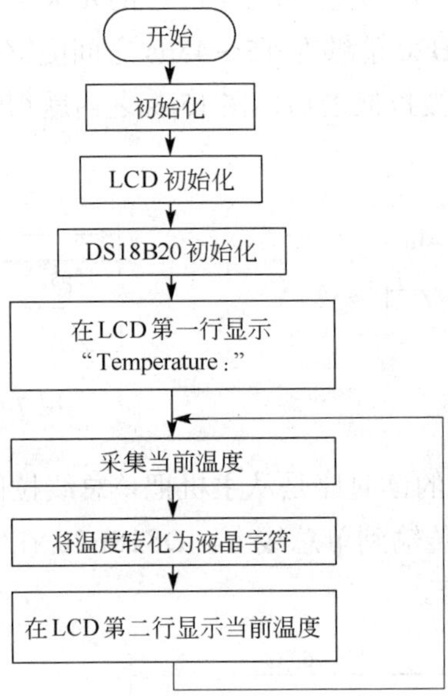

图 7-9　主程序框图

请自行完成 LCD1602、DS18B20 子程序框图的编写。

7.1.2.4　程序

```
#include <reg51.h>
#include <intrins.h>
#include <stdio.h>
#define uchar unsigned char
#define uint unsigned int
```

```
sbit DQ = P1^0;
sbit RS=P2^5;
sbit WR1=P2^6;
sbit LCDEN=P2^7;

uchar TempBuffer[5];
uchar temp_value;
uchar L1[]="Temperature:";

void delay(unsigned int z)//延时子程序，调用 z 形参
{
    unsigned int x,y;//x、y 为局部参数
            for(x=z;x>0;x--)
            for(y=110;y>0;y--);
}//延时 1ms

void cmd_wr(uchar com)                    //写控制字
{
        RS=0;
        WR1=0;
        P0=com;
        delay(5);
    LCDEN=1;
    delay(5);
        LCDEN=0;
}

void inti_lcd()   //设置 LCD 方式
{

   LCDEN=0;
   cmd_wr(0x38);//功能设定指令，8 位，2 行，5×7 点矩阵
   cmd_wr(0x01);//清除
   cmd_wr(0x0f);//开显示指令，显示屏 ON，光标 ON，闪烁 ON
   cmd_wr(0x06);//设置字符光标移动模式，光标右移，整屏显示不移动
   cmd_wr(0x0c);//显示器打开，在显示屏上不显示光标
}

/************************************************************
函数名称：write_dr1(unsigned char x)
```

```
函数功能：将单个数据 x 写到 LCD 数据存储器
函数作者：张晓芳
创建时间：2011-1-27
***********************************************************/
void write_dr1(unsigned char x)
{
      RS=1;
      WR1=0;
      P0=x;
      delay(5);
      LCDEN=1;
      delay(5);
      LCDEN=0;
}

void show_lcd(unsigned char *ch,unsigned char n)     //LCD 显示子程序字符串
{
    unsigned char i;
    for(i=0;i<n;i++)
    {

       RS=1;
       WR1=0;
       P0=*(ch+i);
       delay(5);
       LCDEN=1;
       delay(5);
       LCDEN=0;
    }

}


/***********DS18B20 子程序************************/

/***********DS18B20 延迟子函数（晶振 12MHz ）*******/

void delay_18B20(unsigned int i)
{
      while(i--);
}
```

```
/**********DS18B20 初始化函数**********************/

void Init_DS18B20(void)
{
    unsigned char x=0;
    DQ = 1;                   //DQ 复位
    delay_18B20(8);           //稍作延时
    DQ = 0;                   //单片机将 DQ 拉低
    delay_18B20(80);          //精确延时大于 480μs
    DQ = 1;                   //拉高总线
    delay_18B20(14);
    x=DQ;                     //稍作延时后，如果 x=0 则初始化成功，x=1 则初始化失败
    delay_18B20(20);
}

/***********DS18B20 读一个字节**************/

unsigned char ReadOneChar(void)
{
    uchar i=0;
    uchar dat = 0;
    for (i=8;i>0;i--)
     {
          DQ = 0; // 给脉冲信号
          dat>>=1;
          DQ = 1; // 给脉冲信号
          if(DQ)
          dat|=0x80;
          delay_18B20(4);
     }
    return(dat);
}

/*************DS18B20 写一个字节****************/

void WriteOneChar(uchar dat)
{
    unsigned char i=0;
    for (i=8; i>0; i--)
    {
```

```
            DQ = 0;
            DQ = dat&0x01;
            delay_18B20(5);
            DQ = 1;
            dat>>=1;
    }
}

/**************读取 DS18B20 当前温度************/

void ReadTemp(void)
{
    unsigned char a=0;
    unsigned char b=0;
    unsigned char t=0;

    Init_DS18B20();
    WriteOneChar(0xCC);         // 跳过读序号列号的操作
    WriteOneChar(0x44);         // 启动温度转换

    delay_18B20(100);

    Init_DS18B20();
    WriteOneChar(0xCC);    //跳过读序号列号的操作
    WriteOneChar(0xBE);    //读取温度寄存器（共可读 9 个寄存器），前两个就是温度

    delay_18B20(100);

    a=ReadOneChar();            //读取温度值低位
    b=ReadOneChar();            //读取温度值高位
    temp_value=b<<4;
    temp_value+=(a&0xf0)>>4;
}
void temp_to_str()    //温度数据转换成液晶字符显示
{
  TempBuffer[0]=temp_value/10+'0';     //十位
  TempBuffer[1]=temp_value%10+'0';   //个位
  TempBuffer[2]=0xdf;    //温度符号
  TempBuffer[3]='C';
  TempBuffer[4]='\0';
}
```

```
void main()
{
    uchar *ptr;

   inti_lcd();
   Init_DS18B20( ) ;
    cmd_wr(0x80);
   ptr=&L1;
   show_lcd(ptr,12);

    while(1)
    {
        ReadTemp();                    //开启温度采集程序
        temp_to_str();                 //温度数据转换成液晶字符
       cmd_wr(0xc0);
       ptr=&TempBuffer;
        show_lcd(ptr,5);
    }


}
```

7.1.3 拓展

（1）知识点链接——头文件

在 C 语言家族程序中，头文件被大量使用。一般而言，每个 C++/C 程序通常由头文件(header files)和定义文件(definition files)组成。头文件作为一种包含功能函数、数据接口声明的载体文件，主要用于保存程序的声明(declaration)，而定义文件用于保存程序的实现(implementation)。而且 .c 就是你写的程序文件。

一般在一个应用开发体系中，功能的真正逻辑实现是以硬件层为基础，在驱动程序、功能层程序以及用户的应用程序中完成的。头文件的主要作用在于多个代码文件全局变量(函数)的重用、防止重定义的冲突，对各个被调用函数给出一个描述，其本身不需要包含程序的逻辑实现代码，它只起描述性作用，用户程序只需要按照头文件中的接口声明来调用相关函数或变量，链接器会从库中寻找相应的实际定义代码。

从以上结构图来看，头文件是用户应用程序和函数库之间的桥梁和纽带。在整个软件中，头文件不是最重要的部分，但它是 C 语言家族中不可缺少的组成部分。作一个不算很恰当的比喻，头文件就像是一本书中的目录(只有标题不具有具体页码信息)，读者(链接器)通过目录(头文件+函数库导出符号表)，可以很方便地查阅其需要的内容(函数库)。在一本书中，目录固然重要，但绝对不是一本书核心的、最重要的部分。

什么样的内容适合放在头文件里？对于具有外部存储类型的标识符，可以在其他任何一个源程序文件中经声明后引用，因此用户完全可以将一些具有外部存储类型的标识符的声明放在一个头文件中。具体地说，头文件中可以包括：用户构造的数据类型（如枚举类型），外部变量，外部函数、常量和内联函数等具有一定通用性或常用的量。而一般性的变量和函数定义不宜放在头文件中。

C++/C 程序的头文件以“.h”为后缀。以下是假设名称为graphics.h的头文件：

```
#ifndefGRAPHICS_H (作用：防止graphics.h被重复引用)
#define GRAPHICS_H
#include<....> (作用：引用标准库的头文件)
...
#include"..." (作用：引用非标准库的头文件)
...
void Function1(...); (作用：全局函数声明)
...
inline();(作用：inline 函数的定义)
...
class Box (作用：类结构声明)
{
...
};
#endif
```

从以上例子可以看出，头文件一般由三部分内容组成：① 头文件开头处的版权和版本声明；② 预处理块；③ inline 函数的定义；④ 函数和类结构声明等。在头文件中，用 ifndef/define/endif 结构产生预处理块，用 #include 格式来引用库的头文件。头文件的这种结构，是利用 C 语言进行开发软件所通常具备的，属于公有知识。

（2）将液晶显示和 DS18B20 改为头文件

```
#ifndef __DS18B20_H__// (作用：防止 DS18B20.h 被重复引用)
#define __DS18B20_H__
#include <reg51.h>
#include <intrins.h>
#include <stdio.h>
#define uchar unsigned char
#define uint unsigned int

sbit DQ = P1^0;
uchar temp_value;
uchar TempBuffer[5];
void delay_18B20(unsigned int i)
{
      while(i--);
}

/*********DS18B20 初始化函数*********************/
```

```
void Init_DS18B20(void)
{
    unsigned char x=0;
    DQ = 1;              //DQ 复位
    delay_18B20(8);   //稍作延时
    DQ = 0;              //单片机将 DQ 拉低
    delay_18B20(80); //精确延时 大于 480μs
    DQ = 1;              //拉高总线
    delay_18B20(14);
    x=DQ;                 //稍作延时后 如果 x=0 则初始化成功，x=1 则初始化失败
    delay_18B20(20);
}

/***********DS18B20 读一个字节**************/

unsigned char ReadOneChar(void)
{
    uchar i=0;
    uchar dat = 0;
    for (i=8;i>0;i--)
     {
          DQ = 0; // 给脉冲信号
          dat>>=1;
          DQ = 1; // 给脉冲信号
          if(DQ)
          dat|=0x80;
          delay_18B20(4);
     }
    return(dat);
}

/************DS18B20 写一个字节****************/

void WriteOneChar(uchar dat)
{
    unsigned char i=0;
    for (i=8; i>0; i--)
    {
        DQ = 0;
        DQ = dat&0x01;
        delay_18B20(5);
```

```
            DQ = 1;
            dat>>=1;
    }
}

/**************读取 DS18B20 当前温度************/

void ReadTemp(void)
{
      unsigned char a=0;
      unsigned char b=0;
      unsigned char t=0;

      Init_DS18B20();
      WriteOneChar(0xCC);   // 跳过读序号列号的操作
      WriteOneChar(0x44);   // 启动温度转换

      delay_18B20(100);

      Init_DS18B20();
      WriteOneChar(0xCC);   //跳过读序号列号的操作
      WriteOneChar(0xBE);   //读取温度寄存器（共可读 9 个寄存器），前两个就是温度

      delay_18B20(100);

      a=ReadOneChar();      //读取温度值低位
      b=ReadOneChar();      //读取温度值高位
      temp_value=b<<4;
      temp_value+=(a&0xf0)>>4;
}
void temp_to_str()    //温度数据转换成液晶字符显示
{
   TempBuffer[0]=temp_value/10+'0';    //十位
   TempBuffer[1]=temp_value%10+'0';    //个位
   TempBuffer[2]=0xdf;    //温度符号
   TempBuffer[3]='C';
   TempBuffer[4]='\0';
}
#endif
```

（3）用相同的方法将 LCD1602 改成头文件

```
ifndef __LCD1602_H__ //(作用：防止 LCD1602.h 被重复引用)
```

```
#define __LCD1602_H__
#include <reg51.h>
#include <intrins.h>
#include <stdio.h>
#define uchar unsigned char
#define uint unsigned int
sbit RS=P2^5;
sbit WR1=P2^6;
sbit LCDEN=P2^7;
void delay(unsigned int z)//延时子程序，调用 z 形参。
{
    unsigned int x,y;//x、y 为局部参数
     for(x=z;x>0;x--)
            for(y=110;y>0;y--);
}//延时 1ms

void cmd_wr(uchar com)                //写控制字
{
   RS=0;
   WR1=0;
    P0=com;
    delay(5);
    LCDEN=1;
    delay(5);
   LCDEN=0;

}

void inti_lcd()   //设置 LCD 方式
{

   LCDEN=0;
   cmd_wr(0x38);//功能设定指令，8 位，2 行，5×7 点矩阵
   cmd_wr(0x01);//清除
   cmd_wr(0x0f);//开显示指令，显示屏 ON，光标 ON，闪烁 ON
   cmd_wr(0x06);//设置字符光标移动模式，光标右移，整屏显示不移动
   cmd_wr(0x0c);//显示器打开，在显示屏上不显示光标
}

void write_dr1(unsigned char x)
{
```

```
        RS=1;
        WR1=0;
        P0=x;
        delay(5);
        LCDEN=1;
        delay(5);
        LCDEN=0;

}

void show_lcd(unsigned char *ch,unsigned char n)      //LCD 显示子程序字符串
{
    unsigned char i;
    for(i=0;i<n;i++)
    {

        RS=1;
        WR1=0;
        P0=*(ch+i);
        delay(5);
        LCDEN=1;
        delay(5);
        LCDEN=0;
    }

}
#endif
```

（4）主程序就变得简洁明了

```
#include <reg51.h>
#include <intrins.h>
#include <stdio.h>
#include "LCD1602.h"
#include "DS18B20.h"
#define uchar unsigned char
#define uint unsigned int
uchar L1[]="Temperature:";
void main()
{
        uchar *ptr;
        inti_lcd();
        Init_DS18B20( ) ;
```

```
cmd_wr(0x80);
ptr=&L1;
show_lcd(ptr,12);

while(1)
{
        ReadTemp();                    //开启温度采集程序
         temp_to_str();                //温度数据转换成液晶字符
        cmd_wr(0xc0);
        ptr=&TempBuffer;
         show_lcd(ptr,5);
    }

}
```

7.1.4 讨论思考

① 学会看懂 DS18B20 时序图，并编写各相应子程序。

② 将以往所涉及的各子程序改为相应的头文件。

任务 7-2 液晶屏显示当前时间、日期、星期

学习目标：

- 熟练掌握 DS1302 的工作原理；
- 能读懂 DS1302 时序，并能根据时序编写程序；
- 能熟练使用结构体指针变量完成程序编写。

7.2.1 工作任务

通过 DS1302 获得当前日期、时间、星期，并在液晶屏上显示，可为掉电保护电源提供可编程的充电功能，并且可以关闭充电功能。

7.2.2 操作步骤

7.2.2.1 搜索资料：DS1302 芯片特点

DS1302 的控制字节如图 7-10 所示。控制字节的最高有效位(位 7)必须是逻辑 1，如果它为 0，则不能把数据写入 DS1302 中，位 6 如果为 0，则表示存取日历时钟数据，为 1 表示存取 RAM 数据;位 5～位 1 指示操作单元的地址;最低有效位(位 0)如为 0 表示要进行写操作，为 1 表示进行读操作，控制字节总是从最低位开始输出。

1	RAM/$\overline{CK}$	A4	A3	A2	A1	A0	RAM/K

图 7-10 DS1302 的控制字节

（1）数据输入输出(I/O)

控制指令字输入后的下一个 SCLK 时钟的上升沿时，数据被写入 DS1302，数据输入从低位即位 0 开始。同样，在紧跟 8 位的控制指令字后的下一个 SCLK 脉冲的下降沿读出 DS1302 的数据，读出数据时从低位 0 到高位 7。

（2）DS1302 的寄存器

DS1302 有 12 个寄存器，其中有 7 个寄存器与日历、时钟相关，存放的数据位为 BCD 码形式,其日历、时间寄存器及其控制字见表 7-1。

表 7-1　日历、时间寄存器及其控制字

寄存器名称	命令字		取值范围	各位内容							
	写操作	读操作		7	6	5	4	3	2	1	0
秒寄存器	80H	81H	00～59	CH		10SEC			SEC		
分寄存器	82H	83H	00～59	0		10MIN			MIN		
时寄存器	84H	85H	01～02 或 00～23	12/24	0	10	HR		HR		
日寄存器	86H	87H	01～28,29,30,31	0	0	10DATE		DATE			
月寄存器	88H	89H	01～12	0	0	0	10M		MONTH		
周寄存器	8AH	8BH	01～07	0	0	0	0	0			DAY
年寄存器	8CH	8DH	00～99	10YEAR				YEAR			

此外，DS1302 还有年份寄存器、控制寄存器、充电寄存器、时钟突发寄存器及与 RAM 相关的寄存器等。时钟突发寄存器可一次性顺序读写除充电寄存器外的所有寄存器内容。DS1302 与 RAM 相关的寄存器分为两类：一类是单个 RAM 单元，共 31 个，每个单元组态为一个 8 位的字节，其命令控制字为 C0H～FDH，其中奇数为读操作，偶数为写操作；另一类为突发方式下的 RAM 寄存器，此方式下可一次性读写所有的 RAM 的 31 个字节，命令控制字为 FEH(写)、FFH(读)。

7.2.2.2　硬件电路图

硬件电路图如图 7-11 所示。

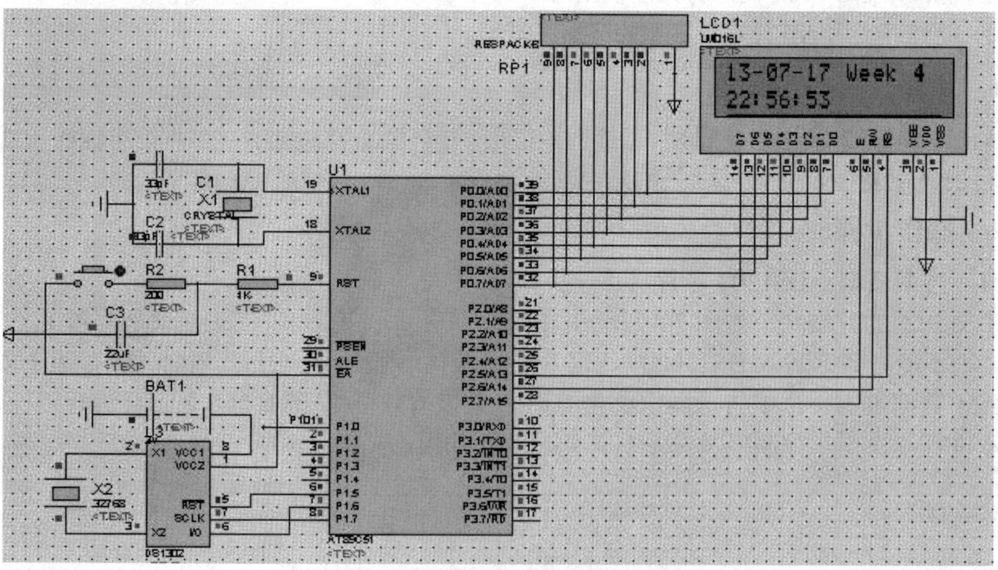

图 7-11　硬件电路图

7.2.2.3 DS1302 程序流程图

DS1302 的读写流程图如图 7-12 所示。写地址、写数据、读数据指令的程序框图请自行完成。

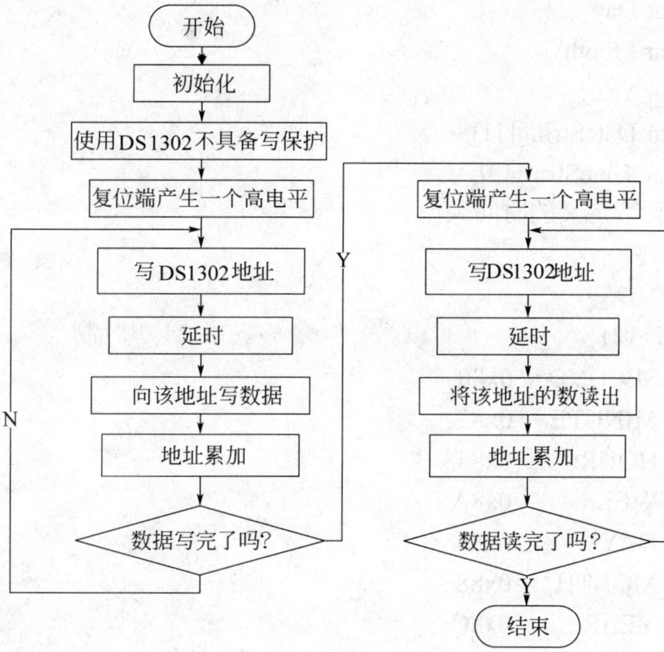

图 7-12 DS1302 程序流程框图

7.2.2.4 程序

（1）将 DS1302 的程序做成一个头文件的程序代码

```
#ifndef _DS1302_h_
#define _DS1302_h_
#include <reg51.h>
#define uchar unsigned char
#define uint unsigned int

sbit   DS1302_CLK = P1^7;                    //实时时钟时钟线引脚
sbit   DS1302_IO   = P1^6;                   //实时时钟数据线引脚
sbit   DS1302_RST = P1^5;                    //实时时钟复位线引脚
sbit   ACC0 = ACC^0;
sbit   ACC7 = ACC^7;
char hide_sec,hide_min,hide_hour,hide_day,hide_week,hide_month,hide_year;
uchar TempBuffer[5],week_value[1];

typedef struct __SYSTEMTIME__
{
      unsigned char Second;
```

```
        unsigned char Minute;
        unsigned char Hour;
        unsigned char Week;
        unsigned char Day;
        unsigned char Month;
        unsigned char Year;
        unsigned char DateString[11];
        unsigned char TimeString[9];
}SYSTEMTIME;    //定义的时间类型

#define AM(X)         X
#define PM(X)(X+12)                                     // 转成 24 小时制
#define DS1302_SECOND     0x80
#define DS1302_MINUTE     0x82
#define DS1302_HOUR       0x84
#define DS1302_WEEK       0x8A
#define DS1302_DAY        0x86
#define DS1302_MONTH      0x88
#define DS1302_YEAR       0x8C
#define DS1302_RAM(X)     (0xC0+(X)*2)          //用于计算 DS1302_RAM 地址的宏

void DS1302InputByte(unsigned char d)           //实时时钟写入一字节(内部函数)
{
        unsigned char i;
        ACC = d;
        for(i=8; i>0; i--)
        {
                DS1302_IO = ACC0;                 //相当于汇编中的 RRC
                DS1302_CLK = 1;
                DS1302_CLK = 0;
                ACC = ACC >> 1;
        }
}

unsigned char DS1302OutputByte(void)            //实时时钟读取一字节(内部函数)
{
        unsigned char i;
        for(i=8; i>0; i--)
        {
                ACC = ACC >>1;                    //相当于汇编中的 RRC
                ACC7 = DS1302_IO;
```

```
        DS1302_CLK = 1;
        DS1302_CLK = 0;
    }
    return(ACC);
}

void Write1302(unsigned char ucAddr, unsigned char ucDa) //ucAddr: DS1302 地址；ucData: 要写的数据
{
    DS1302_RST = 0;
    DS1302_CLK = 0;
    DS1302_RST = 1;
    DS1302InputByte(ucAddr);          //地址，命令
    DS1302InputByte(ucDa);            //写 1Byte 数据
    DS1302_CLK = 1;
    DS1302_RST = 0;
}

unsigned char Read1302(unsigned char ucAddr)  //读取 DS1302 某地址的数据
{
    unsigned char ucData;
    DS1302_RST = 0;
    DS1302_CLK = 0;
    DS1302_RST = 1;
    DS1302InputByte(ucAddr|0x01);     //地址，命令
    ucData = DS1302OutputByte();      //读 1Byte 数据
    DS1302_CLK = 1;
    DS1302_RST = 0;
    return(ucData);
}

void DS1302_SetProtect(bit flag)      //是否写保护
{
    if(flag)
        Write1302(0x8E,0x10);
    else
        Write1302(0x8E,0x00);
}

void DS1302_SetTime(unsigned char Address, unsigned char Value)       // 设置时间函数
{
```

```
    DS1302_SetProtect(0);
    Write1302(Address, ((Value/10)<<4 | (Value%10)));
}

void DS1302_GetTime(SYSTEMTIME *Time)
{
    unsigned char ReadValue;
    ReadValue = Read1302(DS1302_SECOND);
    Time->Second = ((ReadValue&0x70)>>4)*10 + (ReadValue&0x0F);
    ReadValue = Read1302(DS1302_MINUTE);
    Time->Minute = ((ReadValue&0x70)>>4)*10 + (ReadValue&0x0F);
    ReadValue = Read1302(DS1302_HOUR);
    Time->Hour = ((ReadValue&0x70)>>4)*10 + (ReadValue&0x0F);
    ReadValue = Read1302(DS1302_DAY);
    Time->Day = ((ReadValue&0x70)>>4)*10 + (ReadValue&0x0F);
    ReadValue = Read1302(DS1302_WEEK);
    Time->Week = ((ReadValue&0x70)>>4)*10 + (ReadValue&0x0F);
    ReadValue = Read1302(DS1302_MONTH);
    Time->Month = ((ReadValue&0x70)>>4)*10 + (ReadValue&0x0F);
    ReadValue = Read1302(DS1302_YEAR);
    Time->Year = ((ReadValue&0x70)>>4)*10 + (ReadValue&0x0F);
}

void DateToStr(SYSTEMTIME *Time)
{   if(hide_year<2)
    {
      Time->DateString[0] = Time->Year/10 + '0';
      Time->DateString[1] = Time->Year%10 + '0';
    }
      else
        {
          Time->DateString[0] = ' ';
          Time->DateString[1] = ' ';
        }
    Time->DateString[2] = '-';
    if(hide_month<2)
    {
      Time->DateString[3] = Time->Month/10 + '0';
      Time->DateString[4] = Time->Month%10 + '0';
    }
      else
```

```
    {
      Time->DateString[3] = ' ';
      Time->DateString[4] = ' ';
    }
  Time->DateString[5] = '-';
  if(hide_day<2)
  {
    Time->DateString[6] = Time->Day/10 + '0';
    Time->DateString[7] = Time->Day%10 + '0';
  }
    else
    {
      Time->DateString[6] = ' ';
      Time->DateString[7] = ' ';
    }
  if(hide_week<2)
  {
    Time->DateString[8] = ' ';
    Time->DateString[9] = Time->Week%10 + '0';
        week_value[0] = Time->Week%10 + '0';
  }
    else
    {
     Time->DateString[8] = ' ';
     Time->DateString[9] = ' ';
         week_value[0] = ' ';
    }
      week_value[1] = '\0';
  Time->DateString[10] = '\0';

}

void TimeToStr(SYSTEMTIME *Time)
{    if(hide_hour<2)
  {
    Time->TimeString[0] = Time->Hour/10 + '0';
    Time->TimeString[1] = Time->Hour%10 + '0';
  }
```

```
    else
        {
            Time->TimeString[0] = ' ';
            Time->TimeString[1] = ' ';
        }
    Time->TimeString[2] = ':';
    if(hide_min<2)
    {
        Time->TimeString[3] = Time->Minute/10 + '0';
        Time->TimeString[4] = Time->Minute%10 + '0';
    }
        else
        {
            Time->TimeString[3] = ' ';
            Time->TimeString[4] = ' ';
        }
    Time->TimeString[5] = ':';
    if(hide_sec<2)
    {
        Time->TimeString[6] = Time->Second/10 + '0';
        Time->TimeString[7] = Time->Second%10 + '0';
    }
        else
        {
            Time->TimeString[6] = ' ';
            Time->TimeString[7] = ' ';
        }
    Time->DateString[8] = '\0';
}

void Initial_DS1302(void)
{
    unsigned char Second=Read1302(DS1302_SECOND);
    Write1302(0x8e,0x00); //写入允许
    Write1302(0x80,0x50);
    Write1302(0x82,0x56);
    Write1302(0x84,0x22);
    Write1302(0x8e,0x80); //禁止写入
```

```
    if(Second&0x80)
        DS1302_SetTime(DS1302_SECOND,0x80);
}

#endif
```

（2）主程序代码

```
#include <REG51.H>
#include <intrins.h>
#include "LCD1602.h"
#include "DS1302.h"
#define uint unsigned int
#define uchar unsigned char
uchar  hide_sec,hide_min,hide_hour,hide_day,hide_week,hide_month,hide_year;   //秒,分,时到日,月,年位闪的计数
uchar done,count,temp,flag,up_flag,down_flag;

SYSTEMTIME CurrentTime;

void Delay1ms(unsigned int count)
{
    unsigned int i,j;
    for(i=0;i<count;i++)
    for(j=0;j<120;j++);
}

void show_time()     //液晶显示程序
{
    DS1302_GetTime(&CurrentTime);   //获取时钟芯片的时间数据
    TimeToStr(&CurrentTime);              //时间数据转换液晶字符
    DateToStr(&CurrentTime);              //日期数据转换液晶字符
    cmd_wr(0x80);

    show_lcd(CurrentTime.DateString,8); //显示日期
    cmd_wr(0xc0);
    show_lcd(CurrentTime.TimeString,8); //显示时间
    cmd_wr(0x89);
    show_lcd("Week",4);   //在液晶上显示字母 week
```

```
        cmd_wr(0x8e);
        show_lcd(week_value,1);             //显示星期

         Delay1ms(400);                     //扫描延时
    }

    main()
    {
        flag=1;     //时钟停止标志
        inti_lcd();  //液晶初始化
        Initial_DS1302(); //时钟芯片初始化

        while(1)
        {
            show_time();
        }
    }
```

7.2.3 拓展

7.2.3.1 宏定义

程序中#define uchar unsigned char 为宏定义，用 uchar 替代了 unsigned char，以下用到 unsigned char 只需 uchar 就可以，简洁明了。通过宏定义#define DS1302_SECOND 0x80，用 DS1302_SECOND 定义了寄存器 0x80，便于编程理解。

7.2.3.2 结构体

在程序中定义了一个结构体：

```
typedef struct __SYSTEMTIME__
{
    unsigned char Second;
    unsigned char Minute;
    unsigned char Hour;
    unsigned char Week;
    unsigned char Day;
    unsigned char Month;
    unsigned char Year;
    unsigned char DateString[11];
    unsigned char TimeString[9];
}SYSTEMTIME;  //定义的时间类型
```

在使用结构体中成员时，先要定义一个结构体变量，然后再使用，如下：

```
SYSTEMTIME *Time; //定义结构体指针变量
Time->DateString[0] = Time->Year/10 + '0';//使用结构体中成员
```

（1）概述

C 语言允许用户自己指定这样一种数据结构，它由不同类型的数据组合成一个整体，以便引用，这些组合在一个整体中的数据是互相联系的，这样的数据结构称为结构体，它相当于其他高级语言中记录。

声明一个结构体类型的一般形式如下：

```
struct 结构体名
{成员列表};
```

结构体名，用作结构体类型的标志，它又称结构体标记，大括号内是该结构体中的各个成员，由它们组成一个结构体，对各成员都应进行类型声明如：

类型名 成员名;

也可以把成员列表称为域表，第一个成员也称为结构体中的一个域。成员名定名规则与变量名同。

（2）定义结构体类型变量的方法

前面只是指定了一个结构体类型，它相当于一个模型，但其中并无具体数据，系统对之也不分配实际内存单元，为了能在程序中使用结构类型的数据，应当定义结构体类型的变量，并在其中存放具体的数据，可以采取以下三种方法定义结构体类型变量。

① 先声明结构体类型再定义变量名　如已定义了一个结构体类型 struct student，可以用它来定义变量。如：

```
struct student  //结构体类型名
student1, student2//结构体变量名
```

定义了 student1, student2 为 struct student 类型的变量。

在定义了结构体变量后，系统会为之分配内存单元。例如 student1 和 student2 在内存中各占 59 个字节。

应当注意，将一个变量定义为标准类型（基本数据类型）与定义为结构体类型不同之处在于后者不仅要求指定变量为结构体类型，而且要求指定为某一特定的结构体类型（例如 struct student 类型），因为可以定义出许多种具体的结构体类型。而在定义变量为整型时，只需指定为 int 型即可。

② 在声明类型的同时定义变量　例如：

```
struct student
{
    int num;
    char name[20];
    char sex;
    int age;
    float score;
    char addr[30];
}student1, student2;
```

它的作用与第一种方法相同，即定义了两个 struct student 类型的变量 student1、student2，这种形式的定义的一般形式为

```
struct 结构体名
    {
```

```
        成员表列
    }变量名表列;
```

③ 直接定义结构类型变量　其一般形式为

```
    struct
    {
        成员表列
    }变量名表列;
```

即不出现结构体名。

关于结构体类型，有几点要说明。

a. 类型与变量是不同的概念，不能混同，只能对变量赋值、存取或运算，而不能对一个类型赋值、存取或运算。在编译时，对类型是不分配空间的，只对变量分配空间。

b. 对结构体中的成员（即 域）可以单独使用，它的作用与地位相当于普通变量。

c. 成员也可以是一个结构体变量。

d. 成员名可以与程序中的变量名相同，二者不代表同一对象。

（3）结构体变量的引用

① 不能将一个结构体变量作为一个整体进行输入和输出。

只能对结构体变量中的各个成员分别进行输入输出。引用结构体变量中的成员的方式为

结构体变量名.成员名

例如 student1.num 表示 student1 变量中的 num 成员，即 student1 的 num 项，可以对变量的成员赋值。例如：

```
student1.num = 10010;
```

"." 是成员（分量）运算符，它在所有的运算符中优先级最高，因此可以把 student1.num 作为一个整体来看待。上面的赋值语句作用是将整数 10010 赋给 student1 变量中的成员 num。

② 如果成员本身又属一个结构体类型，则要用若干个成员运算符，一级一级地找到最低一级的成员。只能对最低的成员进行赋值或存取以及运算。

例如：结构体变量 student1 可以这样访问各成员：

```
student1.num
student1.birthday.month
```

注意，不能用 student1.birthday 来访问 student1 变量中的成员 birthday，因为 birthday 本身是一个结构体变量。

③ 对结构体变量的成员可以像普通变量一样进行各种运算（根据其类型决定可以进行的运算）。

```
student2.score = student1.score;
sum = student1.score + student2.score;
student1.age ++;
++ student1.age;
```

由于"."运算符的优先级最高，因此 student1.age++是对 student1.age 进行自加运算。而不是先对 age 进行自加运算。

④ 可以引用结构体变量成员的地址，也可以引用结构体变量的地址。如：

```
scanf("%d", &student1.num);// 输入 student1.num 的值
printf("%o", &student1);// 输出 student1 的首地址
```

但不能用以下语句整体读入结构体变量，如：

```
scanf("%d,%s,%c,%d,%f,%s", &student1);
```

结构体变量的地址主要用于作函数参数，传递结构体的地址。

（4）结构体变量的初始化

和其他类型变量一样，对结构体变量可以在定义时指定初始值。如：

```
#include <stdio.h>
struct student
{
    long int num;
    char name[20];
    char sex;
    char addr[30];
}a = {89031, "Li Lin", 'M', "123 Beijing Road"};
void main()
{
    printf("NO. : %d\nname: %s\nsex: %c\naddress: %s\n", a.num, a.name, a.sex,
    a.addr);
}
```

（5）结构体数组

一个结构体变量中可以存放一组数据（如一个学生的学号、姓名、成绩等数据）。如果有 10 个学生的数据需要参加运算，显然应该用数组，这就是结构体数组。结构体数组与以前介绍过的数值型数组不同之处在于每个数组元素都是一个结构体类型的数据，它们分别包括各个成员（分量）项。

① 定义结构体数组　和定义结构体变量的方法相仿，只需说明其为数组即可。

```
struct student
{
    int num;
    char name[20];
    char sex;
    int age;
    float score;
    char addr[30];
};
struct student stu[3];
```

以上定义了一个数组 stu，其元素为 struct student 类型数据，数组有 3 个元素。也可以直接定义一个结构体数组，如：

```
struct student
{
    int num;
    ....
}stu[3];
```

或

```
struct
{
    int num;
    ...
}stu[3];
```

② 结构体数组的初始化　与其他类型数组一样，对结构体数组可以初始化，如：

```
struct student
{
    int num;
    char name[20];
    char sex;
    int age;
    float score;
    char addr[30];
}stu[3] = {{10101,"Li Lin", 'M', 18, 87.5, "103 Beijing Road"},
           {10101,"Li Lin", 'M', 18, 87.5, "103 Beijing Road"},
           {10101,"Li Lin", 'M', 18, 87.5, "103 Beijing Road"}};
```

定义数组 stu 时，元素个数可以不指定，即写成以下形式：

```
stu[] = {{...},{...},{...}};
```

编译时，系统会根据给出初值的结构体常量的个数来确定数组元素的个数。

当然，数组的初始化也可以用以下形式：

```
struct student
{
    int num;
    ...
};
struct student stu[] = {{...},{...},{...}};
```

即先声明结构体类型，然后定义数组为该结构体类型，在定义数组时初始化。

（6）指向结构体类型数据的指针

一个结构体变量的指针就是该变量所占据的内存段的起始地址，可以设一个指针变量，用来指向一个结构体变量，此时该指针变量的值是结构体变量的起始地址。指针变量也可以用来指向结构体数组中的元素。

前面介绍过可以使用指向数组或数组元素的指针和指针变量，同样，对结构体数组及其元素也可以用指针变量来指向。

Time->DateString[0] = Time->Year/10 + '0';//使用结构体中成员就是结构体数组指针的应用

将一个结构体变量的值传递给另一个函数，有三个方法。

① 用结构体变量的成员作参数，例如：用 stu[1].num 或 stu[2].name 作函数实参，将实参值传给形参。用法和用普通变量作实参是一样的，属于值传递方式。应当注意实参与形参的类型保持一致。

② 用结构体变量作参数。老版本的 C 系统不允许用结构体变量作实参，ANSI C 取消了这一限制。但是用结构体变量作实参时，采取的是值传递的方式，将结构体变量所占的内存单元全部顺序传递给形参。形参也必须是同类型的结构体变量。在函数调用期间形参也要占用内存单元。这种传递方式在空间和时间上开销较大，如果结构体的规模很大时，开销是很可观的，此外由于采用值传递方式，如果在执行被调用函数期间改变了形参（也是结构体变量）的值，该值不能返回主调函数，这往往造成使用上的不便，因此一般较少用这种方法。

③ 用指向结构体变量（或数组）的指针作实参，将结构体变量（或数组）的地址传给形参。

7.2.4 讨论思考

① 学会看懂 DS1302 时序图，并编写相应的头文件。

② 学会结构体的定义、使用，搜索资料对结构体进行整理。

任务 7-3 万年历的设计与制作

学习目标：

- 熟悉 DS1302、DS18B20 时序，能看懂说明书；
- 熟练使用头文件进行 DS1302、DS18B20、LCD1602 的编程；
- 通过软硬件的设计能对 DS1302 的时间进行调整；
- 团队协作与自我学习能力的提升。

7.3.1 工作任务

通过 DS1302 获得当前日期、时间、星期并不是特别精确，如何制作准确计时的万年历呢？以下将对硬件和软件进行改进，设计能够校时的万年历，并人性化地显示当前的温度。

7.3.2 操作步骤

7.3.2.1 硬件电路图（见图 7-13）

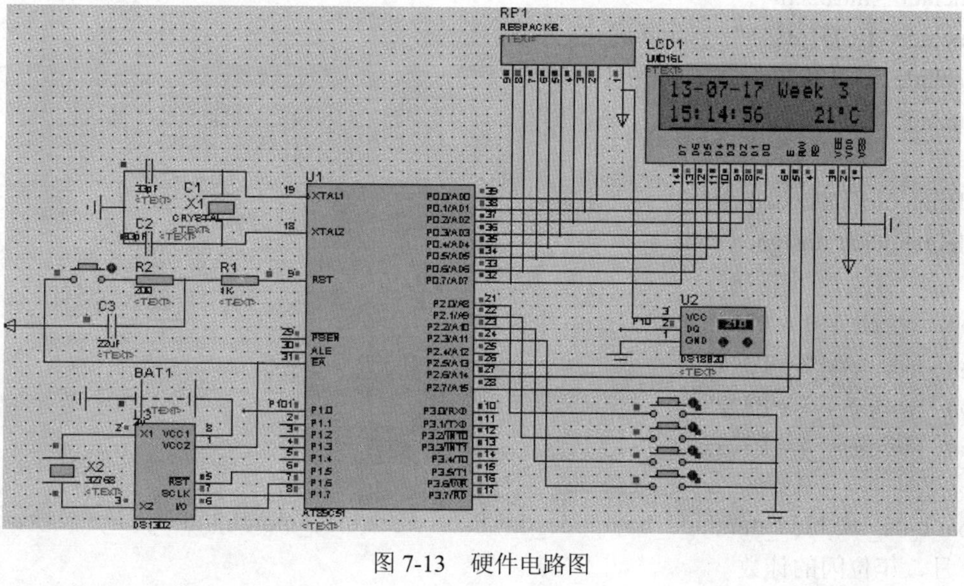

图 7-13 硬件电路图

7.3.2.2 程序框图（见图 7-14）

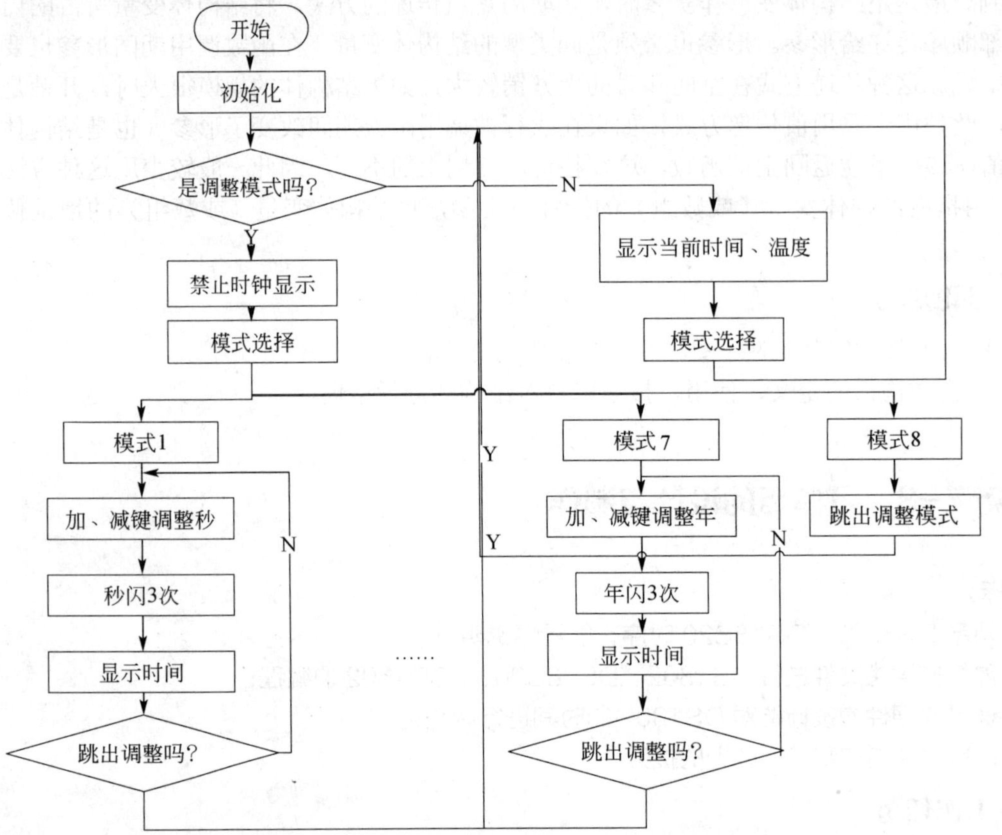

图 7-14 程序框图

7.3.2.3 程序代码

```
#include <REG51.H>
#include <intrins.h>
#include "LCD1602.h"
#include "DS1302.h"
#include "DS18B20.h"

#define uint unsigned int
#define uchar unsigned char

sbit   wireless_1 = P3^0;
sbit   wireless_2 = P3^1;
sbit   wireless_3 = P3^2;
sbit   wireless_4 = P3^3;

char hide_sec,hide_min,hide_hour,hide_day,hide_week,hide_month,hide_year;   //秒、分、时
到日、月、年位闪的计数
```

```
sbit Set = P2^0;            //模式切换键
sbit Up = P2^1;             //加法按钮
sbit Down = P2^2;           //减法按钮
sbit Out = P2^3;            //立刻跳出调整模式按钮

char done,count,temp,flag,up_flag,down_flag;
uchar temp_value;           //温度值

SYSTEMTIME CurrentTime;


void Delay1ms(unsigned int count)
{
     unsigned int i,j;
     for(i=0;i<count;i++)
     for(j=0;j<120;j++);
}

/*延时子程序*/
void mdelay(uint delay)
{    uint i;
     for(;delay>0;delay--)
         {for(i=0;i<62;i++) //1ms 延时
             {;}
         }
}

void show_time()    //液晶显示程序
{
  DS1302_GetTime(&CurrentTime);    //获取时钟芯片的时间数据
  ReadTemp();                      //开启温度采集程序
  temp_to_str();                   //温度数据转换成液晶字符
  TimeToStr(&CurrentTime);         //时间数据转换液晶字符
  DateToStr(&CurrentTime);         //日期数据转换液晶字符
     cmd_wr(0x80);

  show_lcd(CurrentTime.DateString,8); //显示日期
     cmd_wr(0xc0);
 show_lcd(CurrentTime.TimeString,8); //显示时间
 cmd_wr(0x89);
  show_lcd("Week",4);  //在液晶上显示字母 week
```

```
    cmd_wr(0x8e);
    show_lcd(week_value,1);              //显示星期

    cmd_wr(0xcc);                        //液晶字符显示位置
    show_lcd(TempBuffer,4);              //显示温度

    Delay1ms(400);                       //扫描延时
  }


  void outkey()                          //跳出调整模式,返回默认显示
  { uchar Second;
    if(out==0||wireless_1==1)
    { mdelay(8);
      count=0;
      hide_sec=0,hide_min=0,hide_hour=0,hide_day=0,hide_week=0,hide_month=0,hide_year
=0;
      Second=Read1302(DS1302_SECOND);
      Write1302(0x8e,0x00); //写入允许
      Write1302(0x80,Second&0x7f);
      Write1302(0x8E,0x80);              //禁止写入
      done=0;
      while(out==0);
      while(wireless_1==1);
    }
  }
  ///////////////////////////////////////////////////////////////////////////////////////////////////////////////////////
  void Upkey()//升序按键
  {
          Up=1;
          if(Up==0||wireless_2==1)
                  {
                   mdelay(8);
                        switch(count)
                            {case 1:
                                  temp=Read1302(DS1302_SECOND);   //读取秒数
                                   temp=temp+1;  //秒数加 1
                                  up_flag=1;      //数据调整后更新标志
                                   if((temp&0x7f)>0x59)     //超过 59s,清零
                                  temp=0;
                                   break;
```

```
case 2:
        temp=Read1302(DS1302_MINUTE);   //读取分数
          temp=temp+1;   //分数加 1
         up_flag=1;
          if(temp>0x59)            //超过 59min,清零
          temp=0;
          break;
case 3:
        temp=Read1302(DS1302_HOUR);   //读取小时数
          temp=temp+1;   //小时数加 1
         up_flag=1;
          if(temp>0x23)      //超过 23h,清零
          temp=0;
          break;
case 4:
        temp=Read1302(DS1302_WEEK);   //读取星期数
          temp=temp+1;   //星期数加 1
         up_flag=1;
          if(temp>0x7)
          temp=1;
          break;
case 5:
          temp=Read1302(DS1302_DAY);   //读取日数
          temp=temp+1;   //日数加 1
         up_flag=1;
          if(temp>0x31)
          temp=1;
          break;
case 6:
        temp=Read1302(DS1302_MONTH);   //读取月数
          temp=temp+1;   //月数加 1
         up_flag=1;
          if(temp>0x12)
          temp=1;
          break;
case 7:
         temp=Read1302(DS1302_YEAR);   //读取年数
          temp=temp+1;   //年数加 1
         up_flag=1;
          if(temp>0x85)
          temp=0;
```

```
                break;
            default:break;
            }

        while(Up==0);
        while(wireless_2==1);
        }

}

////////////////////////////////////////////////////////////////////////////////
void Downkey()//降序按键
{
    Down=1;
    if(Down==0||wireless_3==1)
        {
         mdelay(8);
            switch(count)
                {case 1:
                    temp=Read1302(DS1302_SECOND);   //读取秒数
                    temp=temp-1;                    //秒数减 1
                    down_flag=1;          //数据调整后更新标志
                    if(temp==0x7f)        //小于 0s,返回 59s
                    temp=0x59;
                    break;
                case 2:
                    temp=Read1302(DS1302_MINUTE);   //读取分数
                    temp=temp-1;   //分数减 1
                    down_flag=1;
                    if(temp==-1)
                    temp=0x59;       //小于 0s,返回 59s
                    break;
                case 3:
                    temp=Read1302(DS1302_HOUR);   //读取小时数
                    temp=temp-1;   //小时数减 1
                    down_flag=1;
                    if(temp==-1)
                    temp=0x23;
                    break;
                case 4:
                    temp=Read1302(DS1302_WEEK);   //读取星期数
                    temp=temp-1;   //星期数减 1
```

```
                down_flag=1;
                 if(temp==0)
                 temp=0x7;
                 break;
            case 5:
                temp=Read1302(DS1302_DAY);   //读取日数
                 temp=temp-1;  //日数减 1
                down_flag=1;
                 if(temp==0)
                 temp=31;
                 break;
            case 6:
               temp=Read1302(DS1302_MONTH);   //读取月数
                 temp=temp-1;   //月数减 1
                down_flag=1;
                 if(temp==0)
                 temp=12;
                 break;
            case 7:
                temp=Read1302(DS1302_YEAR);   //读取年数
                 temp=temp-1; //年数减 1
                down_flag=1;
                 if(temp==-1)
                 temp=0x85;
                 break;
           default:break;
          }

        while(Down==0);
        while(wireless_3==1);
       }
}

void Setkey()//模式选择按键
{
      Set=1;
      if(Set==0||wireless_4==1)
      {
        mdelay(8);
        count=count+1;        //Setkey 按一次,count 就加 1
        done=1;               //进入调整模式
```

```
            while(Set==0);
            while(wireless_4==1);
        }

}

void keydone()//按键功能执行
{           uchar Second;
        if(flag==0)                 //关闭时钟,停止计时
        { Write1302(0x8e,0x00);     //写入允许
          temp=Read1302(0x80);
          Write1302(0x80,temp|0x80);
          Write1302(0x8e,0x80);     //禁止写入
          flag=1;
        }
        Setkey();                           //扫描模式切换按键
        switch(count)
        {case 1:do                          //count=1,调整秒
                {
                 outkey();                  //扫描跳出按钮
                 Upkey();                   //扫描加按钮
                 Downkey();                 //扫描减按钮
                 if(up_flag==1||down_flag==1) //数据更新，重新写入新的数据
                 {
                 Write1302(0x8e,0x00);          //写入允许
                 Write1302(0x80,temp|0x80);     //写入新的秒数
                 Write1302(0x8e,0x80);          //禁止写入
                 up_flag=0;
                 down_flag=0;
                 }

                 hide_sec++;                //位闪计数
                 if(hide_sec>3)
                   hide_sec=0;
                 show_time();               //液晶显示数据
                }while(count==2);break;
         case 2:do                          //count=2,调整分
                {
                 hide_sec=0;
                 outkey();
                 Upkey();
```

```
            Downkey();
            if(temp>0x60)
               temp=0;
            if(up_flag==1||down_flag==1)
            {
            Write1302(0x8e,0x00);     //写入允许
            Write1302(0x82,temp);     //写入新的分数
            Write1302(0x8e,0x80);     //禁止写入
            up_flag=0;
            down_flag=0;
            }
            hide_min++;
            if(hide_min>3)
               hide_min=0;
           show_time();
          }while(count==3);break;
case 3:do                                             //count=3,调整小时
          {
           hide_min=0;
            outkey();
            Upkey();
            Downkey();
            if(up_flag==1||down_flag==1)
            {
            Write1302(0x8e,0x00);     //写入允许
            Write1302(0x84,temp);     //写入新的小时数
            Write1302(0x8e,0x80);     //禁止写入
            up_flag=0;
            down_flag=0;
            }
            hide_hour++;
            if(hide_hour>3)
               hide_hour=0;
           show_time();
          }while(count==4);break;
case 4:do                                     //count=4,调整星期
          {
           hide_hour=0;
            outkey();
            Upkey();
            Downkey();
```

```
            if(up_flag==1||down_flag==1)
            {
            Write1302(0x8e,0x00);   //写入允许
            Write1302(0x8a,temp);   //写入新的星期数
            Write1302(0x8e,0x80);   //禁止写入
            up_flag=0;
            down_flag=0;
            }
            hide_week++;
            if(hide_week>3)
              hide_week=0;
            show_time();
           }while(count==5);break;
case 5:do                          //count=5,调整日
           {
            hide_week=0;
            outkey();
            Upkey();
            Downkey();
            if(up_flag==1||down_flag==1)
            {
            Write1302(0x8e,0x00);   //写入允许
            Write1302(0x86,temp);   //写入新的日数
            Write1302(0x8e,0x80);   //禁止写入
            up_flag=0;
            down_flag=0;
            }
            hide_day++;
            if(hide_day>3)
              hide_day=0;
            show_time();
           }while(count==6);break;
case 6:do                          //count=6,调整月
           {
            hide_day=0;
            outkey();
            Upkey();
            Downkey();
            if(up_flag==1||down_flag==1)
            {
            Write1302(0x8e,0x00);   //写入允许
```

```
            Write1302(0x88,temp);     //写入新的月数
            Write1302(0x8e,0x80);     //禁止写入
            up_flag=0;
            down_flag=0;
            }
            hide_month++;
            if(hide_month>3)
              hide_month=0;
           show_time();
          }while(count==7);break;
  case 7:do                                //count=7,调整年
          {
           hide_month=0;
            outkey();
            Upkey();
            Downkey();
            if(up_flag==1||down_flag==1)
            {
            Write1302(0x8e,0x00);     //写入允许
            Write1302(0x8c,temp);     //写入新的年数
            Write1302(0x8e,0x80);     //禁止写入
            up_flag=0;
            down_flag=0;
            }
            hide_year++;
            if(hide_year>3)
              hide_year=0;
           show_time();
          }while(count==8);break;
  case 8: count=0;hide_year=0;     //count8, 跳出调整模式,返回默认显示状态
          Second=Read1302(DS1302_SECOND);
          Write1302(0x8e,0x00); //写入允许
          Write1302(0x80,Second&0x7f);
          Write1302(0x8e,0x80);       //禁止写入
          done=0;
  break; //count=7,开启中断,标志位置 0 并退出
  default:break;

 }

}
```

```
main()
{
    flag=1;              //时钟停止标志
    inti_lcd();          //液晶初始化
    Init_DS18B20( ) ;    //DS18B20 初始化
    Initial_DS1302();    //时钟芯片初始化
    up_flag=0;
    down_flag=0;
    done=0;              //进入默认液晶显示
    wireless_1=0;
    wireless_2=0;
    wireless_3=0;
    wireless_4=0;
    while(1)
    {
        while(done==1)
          keydone();        //进入调整模式
        while(done==0)
        {
            show_time();          //液晶显示数据
            flag=0;
            Setkey();             //扫描各功能键
        }
    }
}
```

项目小结

本项目是一个综合的实际应用电路，在单片机软、硬件的基础上，介绍了 DS1302 和 DS18B20 的硬件电路和使用，特别是读懂时序并进行编程设计，并且灵活使用了结构体和头文件。在程序中使用了结构体，结构体由不同类型的数据组合成一个整体，以便引用。把某些经常用到的子程序封装在头文件中，在引用时只要在主函数中包含头文件即可，避免了程序的再次输入，及避免程序操作过程的改动失误。

附　录

（1）延时 1ms 子函数

```
/*********************************
函数名称：Delay1ms(uchar x)
函数功能：延时 1ms
函数作者：张晓芳
创建时间：2011-2-20
***********************************/
void Delay1ms(uchar x)
{
uchar y,z;
for(;x>0;x--)
          for(y=120;y>0;y--);
}
```

（2）延时 50ms 子函数

```
/*********************************
函数名称：Delay50ms(uchar x)
函数功能：延时 50ms
函数作者：张晓芳
创建时间：2011-2-20
***********************************/
void Delay50ms(uchar x)
{
     uchar y,z;
     for(;x>0;x--)
          for(y=200;y>0;y--)
            for(z=250;z>0;z--);
}
```

（3）/********************************

函数名称：cmd_wr()

函数功能：写控制字

函数作者：张晓芳

创建时间：2011-2-20

*********************************/

P1 口接 LCD 数据线，初始化程序如下：

```
void cmd_wr()                //写控制字
{
    RS=0;
    RW=0;
    E=0;
    Delay1ms(50);
    E=1;
}
```

（4）/********************************

函数名称：write_dr1

函数功能：送单个字符至 LCD

函数作者：张晓芳

创建时间：2011-2-20

*********************************/

```
void write_dr1(unsigned char x)//送单个字符至 LCD
{
     P1=x;
     RS=1;
     RW=0;
     E=0;
     Delay1ms(30);
     E=1;
}
```

（5）/********************************

函数名称：show_lcd

函数功能：送字符串至 LCD 显示

函数作者：张晓芳

创建时间：2011-2-20

*********************************/

```
void show_lcd(unsigned char *ch,unsigned char n)     //送字符串至 LCD 显示
{
```

```
    unsigned char i;
    for(i=0;i<n;i++)
    {
      //busy();
      P1=*(ch+i);
      RS=1;
      RW=0;
      E=0;
      Delay1ms(50);
      E=1;
    }
}
```

（6）/*********************************

函数名称：inti_lcd()

函数功能：LCD 初始化

函数作者：张晓芳

创建时间：2011-2-20

**********************************/

```
void inti_lcd()   //LCD 初始化
{
    P1=0x38;//功能设定指令，8 位，2 行，5×7 点矩阵
    cmd_wr();
    //busy();
    P1=0x01;        //清除
    cmd_wr();
    //busy();
    P1=0x0f;//开显示指令，显示屏 ON，光标 ON，闪烁 ON
    cmd_wr();
    //busy();
    P1=0x06;//设置字符光标移动模式，光标右移，整屏显示不移动
    cmd_wr();
    //busy();
    P1=0x0c;//显示器打开，在显示屏上不显示光标
    cmd_wr();
    //busy();
}
```

（7）/*********************************

函数名称：anjianjz43

函数功能：4×3 矩阵式按键，按键接 P2 口

函数作者：张晓芳

```
创建时间：2011-2-20
***********************************/
unsigned char anjianjz43()
{
    unsigned char n1,i,m1,temp,num;
    num=0;n1=0;
    P2=0xf0;
    m1=P2&0xf0;
    if(m1!=0xf0)
    {
          delay(10);
          m1=P2&0xf0;
          if(m1!=0xf0)
          {
               P2=ledp[0];
               temp=P2&0xff;
               i=1;
               num++;
               while(temp!=ledp[i])
               {
                    i++;
                    P2=ledp[i];
                    temp=P2&0xff;
                    i++;
                    num++;
               }

          }
    }
     P2=0xf0;//松手消抖
     m1=P2&0xff;
                    while(m1!=0xf0)
                 {
                    P2=0xf0;
                    m1=P2&0xff;

                 }
     return num;

}
```

```
（8）/********************************
函数名称：jxians1
函数功能：1 位静态显示子程序
函数作者：张晓芳
创建时间：2011-2-20
***********************************/
void jxians1 (unsigned char cc )//显示 1 位的静态显示子程序
{
        unsigned char y1;
        for (y1=0;y1<8;y1++)
         {
             DIN=(bit)(cc&0x80); //形参 cc 的最高位传给了 DIN
             cc=_crol_(cc,1); //cc 左移 1 位
             CLK=0;
             CLK=1; //设计一个上升沿
           }
}
（9）/********************************
函数名称：delay1s
函数功能：利用定时器形成的定时 1s 子函数
函数作者：张晓芳
创建时间：2011-2-20
***********************************/
void delay1s(unsigned char mt)
{
     unsigned int t;
     for(;mt>0;mt--)
       {
       TMOD=0x20; //工作方式设定
       TH1=0x06;
       TL1=0x06; //初值
       TR1=1; //启动定时
     while(t!=4000) //循环次数是否到，未到继续循环
         {
                 while (TF1==0); //是否有溢出，未溢出等待
                       {
                             TF1=0;
                       t++;//溢出，循环次数加 1
                       }
         }
         t=0;
      }
}
```

参考文献

[1] 刘守义．单片机应用技术．第 2 版．西安：西安电子科技大学出版社，2007．

[2] 郭天祥．51 单片机 C 语言教程——入门、提高、开发、拓展全攻略．北京：电子工业出版社，2009．

[3] 陈忠平．基于 Proteus 的 51 系列单片机设计与仿真．第 2 版．北京：电子工业出版社，2012．

[4] 张秀国．单片机 C 语言程序设计教程与实训．北京：北京大学出版社，2008．

[5] 姜大源．单片机技术．北京：高等教育出版社，2005．

[6] 姜波．单片机原理及 C51 应用设计．北京：高等教育出版社，2014．

[7] 石长华．51 系列单片机项目实战．北京：机械工业出版社，2010．

[8] 金建设．单片机系统及应用实验教程．北京：北京邮电大学出版社，2010．